"新工科建设"教学探索成果·"十三五"规划教材

概率论与数理统计
同步练习与提高

U0656113

● 主　编　王聚丰　涂黎晖

● 副主编　翁云杰　余琛妍　李莎莎　孙海娜　　● 主　审　苏德矿

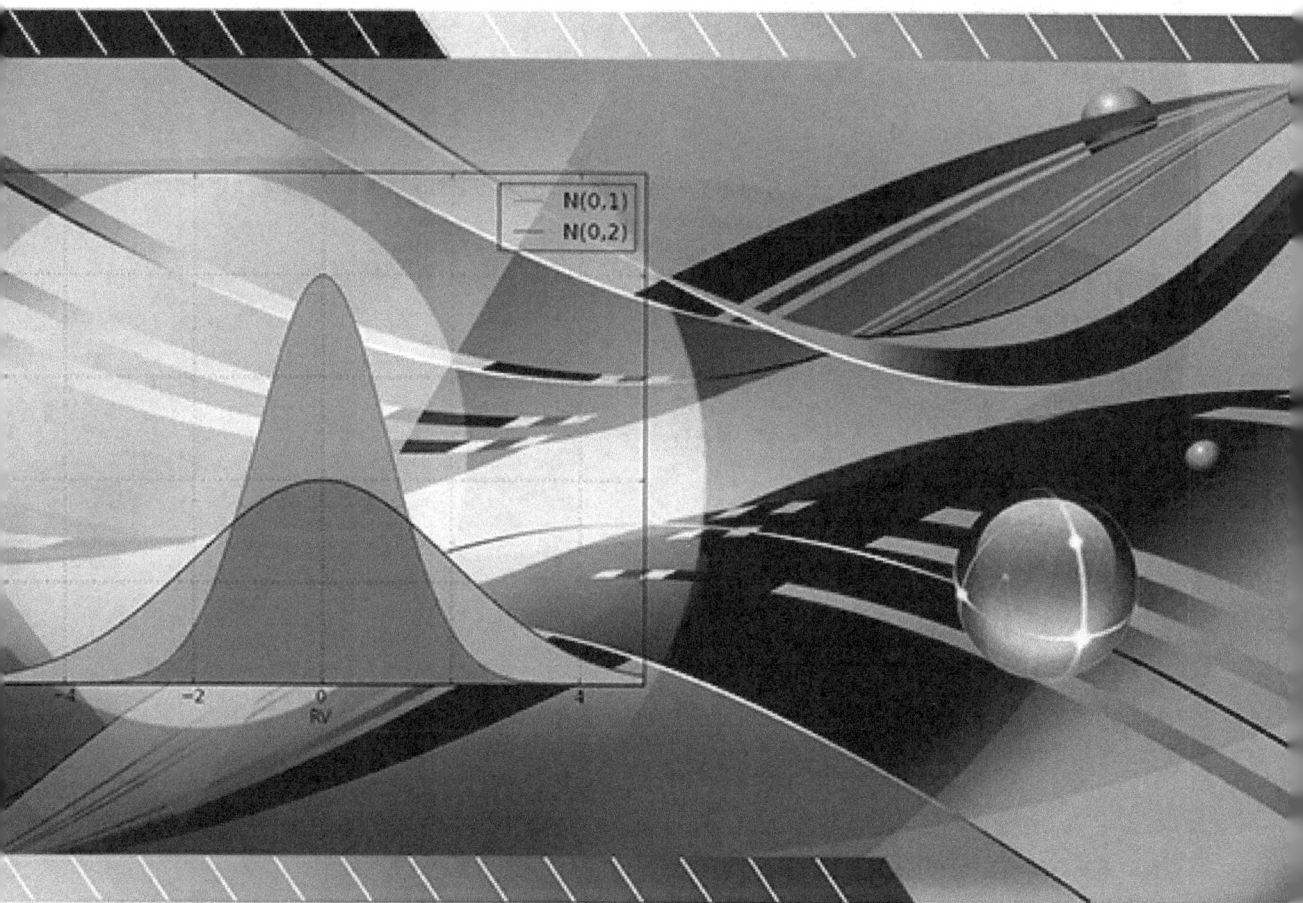

中国工信出版集团

电子工业出版社·
PUBLISHING HOUSE OF ELECTRONICS INDUSTRY
http://www.phei.com.cn

内 容 简 介

本书是与《概率论与数理统计》（张继昌编著，浙江大学出版社，2006）配套的同步练习与提高，内容包括概率论的基本概念、随机变量及其分布、多维随机变量、随机变量的数字特征、极限定理、数理统计基础、参数估计、假设检验。

本书按章节编排了与教材内容相对应的基础练习题，并在题目之后留了相应的解题空间，以便读者可以随时书写，也利于教师的批阅，使学生更好地掌握每个章节的内容和相应的重点、难点；本书还包含每个章节的提高综合练习题，部分学有余力的学生可以进一步尝试，开阔解题思路，提高自身解题能力，达到分层次教学的目的。同时，本书收录了概率论与数理统计课程的期中和期末考试样卷，旨在让同学们能够了解试卷的类型和知识分布的比重，以便能在掌握好知识的同时取得更理想的成绩。

图书在版编目(CIP)数据

概率论与数理统计同步练习与提高 / 王聚丰，涂黎晖主编. —北京：电子工业出版社，2018.3

ISBN 978-7-121-31969-3

Ⅰ. ①概… Ⅱ. ①王… ②涂… Ⅲ. ①概率论—高等学校—教学参考资料②数理统计—高等学校—教学参考资料 Ⅳ. ①O21

中国版本图书馆 CIP 数据核字（2017）第 139790 号

策划编辑：章海涛

责任编辑：章海涛　　　　　文字编辑：谭海平　孟　宇

印　　刷：河北虎彩印刷有限公司

装　　订：河北虎彩印刷有限公司

出版发行：电子工业出版社

　　　　　北京市海淀区万寿路 173 信箱　邮编　100036

开　　本：787×1092　1/16　　印张：14.75　　字数：200 千字

版　　次：2018 年 3 月第 1 版

印　　次：2025 年 7 月第 13 次印刷

定　　价：30.00 元

前　言

概率论与数理统计是高等学校工科类专业、经管类专业一门重要的数学基础课。能否用数学的思维、方法去思考、推理以及定量分析一些自然现象和经济现象，是衡量民族科学文化素质的重要标志，提高数学素养在培养高素质人才中有着不可替代的作用。

本书是与浙江大学出版社出版的《概率论与数理统计》（张继昌编著）相配套的学习辅导用书，主要面向使用该教材的学生，也可供使用该教材的教师作为参考。本书分成三大部分：第一部分为基础题，根据《概率论与数理统计》的章节顺序和教学进度，选出适量的习题并留有解题空间可作为作业供学生练习，同时也为老师批阅和学生复习提供了方便；第二部分为提高题，在原有的习题难度基础上，结合教材内容和考研大纲筛选出具有一定综合性的习题，并给出了详细的解题思路和解答过程，还为部分习题提供了多种解法，该部分可作为学有余力的学生提高数学解题能力的参考用书；第三部分为期中期末样卷，可供学生复习备考之用。

本书的编写自始至终得到浙江大学宁波理工学院领导的支持和关怀，数学组全体老师对各章节习题进行了筛选、演算和校正，并提出了很多宝贵的意见，编者在此一并向他们表示衷心的感谢。

浙江大学出版社出版的《概率论与数理统计》（张继昌编著）在浙江大学宁波理工学院和其他一些院校使用已经 10 多年，编写与该教材配套的用书是编者多年的心愿，现将长期教学实践积累的点滴写出来，为数学课程的学习带来更多的方便。由于编者对编写此类书缺乏经验，书中难免存在不足之处，恳请读者批评指正。

本书为任课教师提供了配套的教学资源（包含电子教案），可登录华信教育资源网站（http://www.hxedu.com.cn），注册之后进行免费下载。

编者
2018 年 2 月
浙江大学宁波理工学院

目　　录

第一部分　概率论与数理统计同步练习

第 1 章　概率论的基本概念 ·· 2

　§1.1　随机试验及随机事件 ··· 2

　§1.2　随机事件的关系和运算 ·· 3

　§1.3　概率的定义和性质 ·· 4

　§1.4　等可能概率问题（古典概率） ·· 5

　§1.5　条件概率与乘法公式 ··· 7

　§1.6　全概率公式 ·· 10

　§1.7　贝叶斯公式 ·· 12

　§1.8　独立性 ·· 14

第 2 章　随机变量及其分布 ·· 17

　§2.1　离散型随机变量 ·· 17

　§2.2　0-1 分布和泊松分布 ··· 19

　§2.3　伯努利分布 ·· 20

　§2.4　随机变量的分布函数 ·· 22

　§2.5　连续型随机变量 ·· 24

　§2.6　均匀分布与指数分布 ·· 25

　§2.7　正态分布 ··· 27

　§2.8　随机变量函数的分布 ·· 29

第 3 章　多维随机变量 ··· 31

　§3.1　二维离散型随机变量 ·· 31

　§3.2　二维连续型随机变量 ·· 32

　§3.3　边缘密度函数 ··· 34

　§3.4　随机变量的独立性 ··· 35

　§3.5　多个随机变量的函数的分布 ··· 37

　§3.6　几种特殊随机变量的函数的分布 ··· 38

第 4 章　随机变量的数字特征 ··· 40

　§4.1　数学期望 ··· 40

　§4.2　数学期望的性质 ·· 42

§4.3　方差 ··· 43

§4.4　常见随机变量的期望与方差 ·························· 45

§4.5　协方差与相关系数 ······································· 47

§4.6　独立性和相关性 ·· 48

第5章　极限定理 ·· 51

§5.1　大数定理 ·· 51

§5.2　中心极限定理 ·· 52

第6章　数理统计基础 ··· 54

§6.1　统计中的几个概念 ·· 54

§6.2　数理统计中常用的三个分布 ························· 55

§6.3　一个正态总体下的三个统计量的分布 ·········· 56

§6.4　两个正态总体下的三个统计量的分布 ·········· 57

第7章　参数估计 ·· 58

§7.1　矩估计 ·· 58

§7.2　极大似然估计 ·· 60

§7.3　估计量的评价标准 ·· 62

§7.4　区间估计 ·· 63

§7.5　两个正态总体的区间估计 ····························· 64

§7.6　区间估计的特殊情形 ····································· 65

第8章　假设检验 ·· 66

§8.1　假设检验的基本概念 ····································· 66

§8.2　假设检验的说明 ··· 66

§8.3　一个正态总体参数的假设检验 ······················ 67

§8.4　两个正态总体参数的假设检验 ···················· 69

第二部分　提高篇

第1章　概率论的基本概念 ···································· 71

第2章　随机变量及其分布 ···································· 73

第3章　二维随机变量 ··· 75

第4章　随机变量的数字特征 ································ 77

第5章　极限定理 ··· 79

第6章　数理统计基础 ··· 80

第7章　参数估计 ··· 81

第 8 章　假设检验 ·· 83

第三部分　综合练习

第 1 篇　期中考试样卷 ··· 85

第 2 篇　期末考试样卷 ··· 100

附　录　习题参考答案 ··· 113

参考文献 ··· 114

第一部分

概率论与数理统计同步练习

第1章 概率论的基本概念

§1.1 随机试验及随机事件

1. 写出下列随机试验的样本空间：

（1）将一枚硬币连丢 3 次，观察正面 H、反面 T 出现的情形；

（2）将一枚硬币连丢 3 次，观察出现正面的次数；

（3）袋中装有编号为 1、2 和 3 的三个球，随机地取两个，考察这两个球的编号；

（4）袋中装有编号为 1、2 和 3 的三个球，依次随机地取两次，每次取一个，不放回，考察这两个球的编号；

（5）丢甲、乙两颗骰子，观察出现的点数之和；

（6）丢甲、乙两颗骰子，观察它们出现的点数。

2. 写出下列随机试验中所指的随机事件。

（1）丢一颗骰子。

A：出现奇数点；B：点数大于 2。

（2）一枚硬币连丢 2 次。

A：第一次出现正面；B：两次出现同一面；C：至少有一次出现正面。

（3）从 1、2、3、4 四个数中随机地取一个，放回，再随机地取一个。

A：其中一个数是另一个数的两倍；B：两数的奇偶性相同。

（4）10 个零件，其中有两个次品，随机地取 5 个。

A：正品个数多于次品个数；B：正品个数不多于次品个数。

§1.2   随机事件的关系和运算

1. 设 A, B, C 为三个事件，用 A, B, C 的运算关系表示下列各事件：
(1) A, B, C 都不发生；   (2) A 与 B 都发生，而 C 不发生；
(3) A 与 B 都不发生，而 C 发生；   (4) A, B, C 中最多两个发生；
(5) A, B, C 中至少两个发生；   (6) A, B, C 中不多于一个发生。

2. 设 $S = \{x: 0 \leqslant x \leqslant 5\}$，$A = \{x: 1 < x \leqslant 3\}$，$B = \{x: 2 \leqslant x < 4\}$，具体写出下列事件。
(1) $A \cup B$，(2) AB，(3) $\overline{A}B = 0$，(4) $\overline{A} \cup B$，(5) $\overline{\overline{AB}}$。

3. 已知当 A 发生或 B 发生时，C 一定发生，则不正确的是（   ）。
(A) $C \supset A$ (B) $C \supset AB$ (C) $C \supset A \cup B$ (D) $C \subset A \cup B$

§1.3 概率的定义和性质

1. 已知 $P(A \cup B) = 0.8$，$P(A)=0.5$，$P(B)=0.6$，则：

（1）$P(AB)=$＿＿＿；（2）$P(\overline{AB})=$＿＿＿；（3）$P(\overline{A} \cup \overline{B})=$＿＿＿。

2. 已知 $P(A)= 0.7$，$P(AB)= 0.3$，则 $P(A\overline{B})=$＿＿＿。

3. 已知 $A \subset B$，$P(A)= 0.3$，$P(B)= 0.5$，则：（1）$P(\overline{A})=$＿＿＿；（2）$P(\overline{A} \cup B)=$＿＿＿；

（3）$P(AB)=$＿＿＿；（4）$P(\overline{A}B)=$＿＿＿，（5）$P(A-B)=$＿＿＿。

4. 设 $P(AB)= 0$，则一定正确的是（　　）。

（A）A，B 互不相容　（B）$\overline{A}$，$\overline{B}$ 互不相容　（C）$\overline{A}$，$\overline{B}$ 相容　（D）$P(A-B)= P(A)$

5. 若 $A \supset C$，$B \supset C$，$P(A)= 0.7$，$P(A-C)= 0.4$，$P(AB)= 0.5$，求 $P(AB-C)$。

6. 已知 $P(A) = 0.6$，$P(B) = 0.7$，求 $P(AB)$ 的最大值和最小值。

7. 已知 $P(A) = P(B) = P(C) =0.4$，A 与 B 互不相容，$P(AC) = 0.1$，$P(BC) = 0.2$，求 A、B、C 全不发生的概率。

8. 已知 $P(AB) = P(\overline{AB})$，$P(A) = r$，求 $P(B)$。

9. 已知 $P(A) = 0.8$，$P(A-B) = 0.7$，求 $P(\overline{A} \cup \overline{B})$。

§1.4 等可能概率问题（古典概率）

1. 某班有 30 个同学，其中 8 个女同学，随机地选 10 个学生，求：（1）正好有两个女同学的概率；（2）最多有两个女同学的概率；（3）至少有两个女同学的概率。

2. 将 3 个不同的球随机地投入到 4 个盒子中，求有 3 个盒子各有一球的概率。

3. 一副扑克牌（52 张）随机地等分给 4 个人，求 4 张 A 都在指定的一人手中的概率。

4．在房间里有 10 个人，分别有 1 到 10 的编号，从中随机地取选 3 个人，求：（1）最小号码为 5 的概率；（2）最大号码为 5 的概率。

5．从 1，2，3，4，5，6，7，8，9 九个数中随机地取 3 个数，则至少有一个奇数的概率是（　　）。
（A）$C_5^1 C_4^2 / C_9^3$　　　　　（B）$(C_4^3 + C_5^1 C_4^2) / C_9^3$
（C）$C_5^1 C_8^2 / C_9^3$　　　　　（D）$1 - C_4^3 / C_9^3$

6．在 10 个人中至少有两个人生日相同的概率是（　　）。（设一年为 365 天）
（A）$P_{365}^{10} / 365^{10}$　　　　　（B）$1 - P_{365}^{10} / 365^{10}$
（C）$C_{10}^2 C_{365}^1 P_{364}^8 / 365^{10}$　　　　　（D）$C_{10}^1 C_9^1 C_{365}^1 P_{364}^8 / 365^{10}$

7．从 1 到 2002 中随机地取一个整数，求：（1）能被 6 和 8 整除的概率；（2）能被 6 或 8 整除的概率。

8．从 1，2，3，…，$2n$ 中随机地取两个数，求和为偶数的概率。

9．两个红球，两个白球，随机地放入两个盒中，求盒中球同色的概率。

10．在区间(0，1)上随机地取两个数，求它们的乘积大于 $\dfrac{1}{4}$ 的概率。

§1.5 条件概率与乘法公式

1．盒内有 10 个签，其中两个是"中"，从盒内随机地取一个签，不放回，再随机地取一个签，A 表示第一次取到"中"，B 表示第二次取到"中"，则：

$P(B|A)=$ _____；$P(B|\overline{A})=$ _____；$P(\overline{B}|A)=$ _____；$P(\overline{B}|\overline{A})=$ _____。

2．设事件 A，B，C 满足 $P(A\cup B|C)=P(A|C)+P(B|C)$，则正确的是（   ）。

(A) $P(AB)=0$ (B) $P(AB|C)=0$

(C) $P(AB|\overline{C})=0$ (D) 以上都不对

3．丢甲、乙两颗均匀的骰子，已知点数之和为 7，求其中一颗点数为 1 的概率。

4．从 1～100 这 100 个数中随机地取一个数，已知取到的数不大于 50，求这个数是 2 或 3 的倍数的概率。

5．盒内有 10 个签，其中两个是"中"，从盒内随机地取一个签，不放回，再随机地取一个签，求：（1）两次都是"中"的概率；（2）两次都不是"中"的概率；（3）一次是"中"一次不是"中"的概率。

6．据统计，某市发行 A、B、C 三种报纸，订阅情况为 $P(C)=0.6$，$P(B|C)=0.5$，$P(A|BC)=0.4$，求订阅 B 报和 C 报但不订阅 A 报的概率。

7．已知 $P(A) = 1/4$，$P(B \mid A) = 1/3$，$P(A \mid B) = 1/2$，求 $P(A \cup B)$。

8．已知 $P(A) = P(B) = 1/3$，$P(A \mid B) = 1/6$，求 $P(A \mid \overline{B})$。

9．已知事件 A 与 B 互不相容，$P(A) = 0.3$，$P(B) = 0.5$，求 $P(A \mid \overline{B})$。

10. 已知 $P(\overline{A}) = 0.3$，$P(B) = 0.4$，$P(A\overline{B}) = 0.5$，求 $P(B \mid A \cup \overline{B})$。

§1.6　全概率公式

1. 有 10 个签，其中两个是"中"，第一人随机地抽一个签，不放回，第二人再随机地抽一个签，说明两人抽"中"签的概率相同。

2. 盒中有 4 个红球 6 个白球，从中随机地取一个球，观察颜色，放回，再加入两个同色球，然后再从中随机地取一个球，求取到红球的概率。

3．一批零件，合格品占 92%，随机地取一件进行检验，合格品误检为不合格品的概率是 0.05，而不合格品误检为合格品的概率是 0.1，求检验结果为合格品的概率。

4．某公司从 4 家工厂购进同一种产品，数量之比是 9∶3∶2∶1，已知 4 家工厂次品率之比是 1∶2∶3∶1，随机地取一件产品，求该产品是次品的概率。

5．编号为 1、2、3 的盒子，分别装有 3 个红球 2 个白球，2 个红球 3 个白球，1 个红球 4 个白球。丢一颗均匀的骰子，若出现奇数点，则在 1 号盒中随机地取一个球；若出现点数 2，则在 2 号盒中随机地取一个球，否则在 3 号盒中随机地取一个球，求取到一个红球的概率。

6. 商品整箱出售，每箱 10 个，设箱中有零个、一个、两个次品的概率分别为 0.8，0.1，0.1，一位顾客随机地取一箱，商家允许开箱随机地取两个检查，若未发现次品，顾客就买下，求顾客买下产品的概率。

§1.7　贝叶斯公式

1. 将两条信息分别编码为 A 和 B 传递出去，接收站收到时，A 被误收做 B 的概率为 0.02，B 被误收做 A 的概率为 0.01，信息 A 与信息 B 传递的频繁程度为 2:1。若接收站收到的信息是 A，求原发信息为 A 的概率是多少？

2. 已知男人中有 5% 是色盲，女人中有 0.25% 是色盲，现从男女人数相等的人群中随机地选一个人，恰好是色盲，求此人是男性的概率。

3. A 地下雨的概率为 0.3，若 A 地下雨，则 B 地下雨的概率为 0.5；若 A 地不下雨，则 B 地下雨的概率为 0.4，求当 B 地下雨时，A 地也下雨的概率。

4. 有一批零件，80%是合格品，一只合格品使用寿命超过一年的概率是 0.9，而不合格品使用寿命超过一年的概率只有 0.4，现有一只零件使用寿命不到一年，求该零件是不合格品的概率。

5. 甲小组有 10 人（其中女生 2 人），乙小组有 9 人（其中女生 4 人），随机选一组，从中先后不放回地随机选两人。（1）求先选到的一位是女生的概率；（2）求选到的一位是女生的概率；（3）已知后选到的一位是女生，求先选到的一位是女生的概率。

§1.8　独立性

1．设 $P(A)=0.5$，$P(B)=0.4$，若 A 与 B 互不相容，则 $P(A\cup B)=$____；若 A 与 B 相互独立，则 $P(A\cup B)=$____；若 $P(B\,|\,A)=0.6$，则 $P(A\cup B)=$____。

2．生产某一零件需经过两道独立的工序，第一道工序的次品率为 P_1，第二道工序的次品率为 P_2，则生产这种零件的次品率是（　　　）。

（A）P_1+P_2　　　　　　　　（B）$P_1\cdot P_2$

（C）$(1-P_1)(1-P_2)$　　　　（D）$P_1+P_2-P_1P_2$

3．电路如图 1.1 所示，其中 A，B，C，D 为开关，设各开关闭合与否相互独立，且每一开关闭合的概率为 P，求 L 与 R 为通路（用 T 表示）的概率。

图 1.1

4．甲、乙、丙三人向同一目标各射击一次，命中率分别为 0.4，0.5 和 0.6，是否命中相互独立，求下列概率：

（1）恰好命中一次；（2）至少命中一次。

5．甲、乙两人向同一目标各射击一次，命中率分别为 0.4 和 0.5，是否命中相互独立，已知命中目标，求甲命中目标的概率。

6．已知 $P(A)>0$，$P(B)>0$，$P(A|B)+P(\overline{A}|\overline{B})=1$，问 A 与 B 是否独立？

7．已知 $P(A)=P(B)=P(C)=0.3$，A 与 B 相互独立，A 与 C 互不相容，$P(B|C)=0.5$，求 A、B、C 全不发生的概率。

8. 已知 $P(\overline{A \cup B})=\{1-P(A)\}\{1-P(B)\}$，则一定正确的是（   ）。

（A）A 与 B 互不相容　　　　（B）$\overline{A}$ 与 $\overline{B}$ 互不相容

（C）$A \supset B$　　　　　　　　（D）A 与 B 互为独立

9. 已知 $P(A)+P(B)>1$，则一定正确的是（   ）。

（A）A 与 B 不独立　　　　（B）A 与 B 独立

（C）A 与 B 互不相容　　　　（D）A 与 B 相容

第2章　随机变量及其分布

§2.1　离散型随机变量

1. 试写出下列离散型随机变量的分布律。

（1）一盒中有编号为 1、2、3、4、5 的五个球，从中随机地取 3 个，用 X 表示取出的 3 个球中的最大号码。

（2）某射手有 5 发子弹，每次命中率是 0.4，一次接一次地射击，直到命中或子弹用尽为止，用 X 表示射击的次数。

（3）一颗均匀的骰子，一次接一次地丢，直到出现一次正面为止，用 X 表示丢的次数。若是直到出现二次正面为止呢？

2. 设随机变量 X 的分布律为

X	0	1
P_i	$9c^2-c$	$3-8c$

，求定常数 c。

3．离散型随机变量 X 的分布律为 $P(X=k)=\dfrac{k}{15}$，$k=1$，2，3，4，5，试求：

（1）$P(X=1\cup X=2)$；（2）$P(0.5\leqslant X<3.5)$；（3）$P(1\leqslant X<2)$；（4）$P(X\leqslant 0)$；（5）$P(X\leqslant 2)$；
（6）$P(X\leqslant 6)$。

4．3 个不同的球，随机放入编号为 1，2，3，4 的盒中，X 表示有球的盒的最小号码，求 X 的分布律。

5．随机变量 X 的分布律为
X	1	2	3	4
P_i	0.1	0.2	0.3	0.4
，已知 $X<4$ 的条件下，求 $A>1$ 概率。

6. 盒中有 5 个球，其中有 X 个红球，X 的分布律为 $P(X=k) = \dfrac{k}{15}$，$k = 0$，1，2，3，4，5，从盒中随机地取 3 个球，（1）求正好取到 1 个红球的概率；（2）若已知正好取到 1 个红球，求盒中有 3 个红球的概率。

§2.2　0-1 分布和泊松分布

1. 每年袭击某地的台风次数 X 服从 $\lambda = 5$ 的泊松分布，求：
（1）该地一年中受台风袭击的次数是 5 的概率；
（2）该地一年中受台风袭击的次数在 5 到 7 之间的概率。

2. 某地"110"在 t 小时内接到报警的次数 X 服从 $\lambda = t/8$ 的泊松分布，求：
（1）该地在 8 小时内正好接到 1 次报警的概率；
（2）该地在 24 小时内至少接到 1 次报警的概率。

3．设某商店某种商品每月的销售量 X 服从 $\lambda=1$（单位）的泊松分布，未到月底，销售量已有 1 个单位，求到月底销售量能超过 2 个单位的概率。

4．设随机变量 X 的分布律为

X	2	3
P_i	0.4	0.6

当 $X=x$ 时，$Y\sim\pi(x)$，（1）求 $P(X=2, Y\leqslant 2)$；（2）求 $P(Y\leqslant 2)$；（3）已知 $Y\leqslant 2$，求 $X=2$ 的概率。

§2.3　伯努利分布

1．一间办公室内有 5 台计算机，调查表明在任一时刻每台计算机被使用的概率为 0.6，计算机是否被使用相互独立，问在同一时刻：

（1）恰好有 2 台计算机被使用的概率是多少？

（2）至少有 3 台计算机被使用的概率是多少？

（3）最多有 4 台计算机被使用的概率是多少？

（4）至少有 1 台计算机被使用的概率是多少？

2．一个箱子中有 30 个白球和 6 个红球，采用有放回的抽样方式，从箱中随机地取 4 次，每次取一个球，求 4 次中有两次取到红球的概率。

3．某人向某一目标独立射击 3 次，已知至少命中一次的概率为 0.973，求正好命中一次的概率。

4．假设一台设备在一天内发生故障的概率为 0.2，若发生故障，则全天停止工作，每天中是否发生故障相互独立。在一周 5 个工作日中，若都无故障，可获利 10 万元；若有一天发生故障，仍可获利 5 万元；若有两天发生故障，则不获利；若有 3 天及 3 天以上发生故障，则亏损 2 万元。求一周内获利 Y 万元的分布律。

5．设 $X \sim \pi(3)$，对 X 进行 4 次独立观察，求最多有一次 $X \geqslant 1$ 的概率。

§2.4　随机变量的分布函数

1．设 X 服从 0-1 分布，$P(X=1)=P$，$P(X=0)=1-P=q$，写出 X 的分布函数，并画出其图形。

2．设随机变量 X 的分布函数是 $F(x)=\begin{cases} 0, & x<-1 \\ 0.5, & -1 \leqslant x < 1, \\ 1, & x \geqslant 1 \end{cases}$（1）求 $P(X \leqslant 0)$，$P(0 < X \leqslant 1)$，$P(X \geqslant 1)$；（2）写出 X 的分布律。

3．盒中有5个球，其中两个红球，随机地取两个，用 X 表示取到红球的个数，试求 X 的分布律和分布函数。

4．设随机变量 X 的分布函数是 $F(x)=\begin{cases} A+Be^{-x}, & x>0 \\ 0, & x\leqslant 0 \end{cases}$，求：（1）常数 A 和 B；（2）$P(-1<X\leqslant 1)$。

5．设 $F_1(x)$ 和 $F_2(x)$ 是两个随机变量的分布函数，为使 $F(x)=aF_1(x)+bF_2(x)$ 也是分布函数，则常数 a,b 满足（   ）。

（A）$a+b=1$　　　　　　　　（B）$a>0$，$b>0$

（C）$a>0$，$b>0$，且 $a+b=1$　　（D）a,b 是任意实数

§2.5 连续型随机变量

1. 设连续型随机变量 X 的密度函数为 $f(x) = \begin{cases} kx, & 0 < x < 1 \\ 0, & \text{其他} \end{cases}$ ，（1）求常数 k 的值；（2）求 X 的分布函数 $F(x)$，画出 $F(x)$ 的图形；（3）用两种方法计算 $P(-0.5 < X < 0.5)$。

2. 设连续型随机变量 X 的密度函数为 $f(x) = \begin{cases} x, & 0 \leqslant x < 1 \\ 2-x, & 1 \leqslant x < 2 \\ 0, & \text{其他} \end{cases}$ ，

（1）求 X 的分布函数 $F(x)$，画出 $F(x)$ 的图形；
（2）用两种方法计算 $P(0.5 < X < 0.5)$。

3. 设连续型随机变量 X 的密度函数为 $f(x) = \begin{cases} x, & x < 1 \\ \ln x, & 1 \leqslant x < e \\ 0, & x \geqslant e \end{cases}$ ，

（1）求 X 的分布函数 $F(x)$，画出 $F(x)$ 的图形；
（2）用两种方法计算 $P(X > 2)$。

4. 某城市每天的用电量（单位：百万千瓦时）是随机变量 X，其密度函数是

$$f(x) = \begin{cases} 12x(1-x)^2, & 0 < x < 1 \\ 0, & 其他 \end{cases}$$

如果该城市的日供电量是 80 万千瓦时，那么一天供电量不能满足需要的概率是多大？若日供电量提高到 90 万千瓦时，则这一概率又是多大？

5. 设 X 的密度函数为 $f(x) = \begin{cases} \sin x, & a < x < b \\ 0, & 其他 \end{cases}$，则区间 (a, b) 可取为（   ）。

（A）$(0, \pi/4)$　　　　　（B）$(0, \pi/2)$

（C）$(0, \pi)$　　　　　　（D）$(0, 3\pi/2)$

§2.6　均匀分布与指数分布

1. 设随机变量 $X \sim U(0, 1)$，试写出 X 的密度函数和分布函数。

2．设随机变量 K 在区间$(0,5)$上服从均匀分布，求关于 x 的二次方程 $4x^2 + 4Kx + K + 2 = 0$ 有实根的概率。

3．在区间$(0,2)$上尽可能地取一个实数，该实数以第一位小数四舍五入取整，用 Y 表示取整后的值，求 Y 的分布律。

4．设某电子元件的寿命 X（单位：小时）服从参数为 $a = 0.001$ 的指数分布。（1）求寿命小于 1000 小时的概率；（2）求寿命超过 2000 小时的概率；（3）若随机地取两个，求第一个寿命小于 1000 小时，第二个寿命超过 2000 小时的概率；（4）若随机地取两个，求一个寿命小于 1000 小时，另一个寿命超过 2000 小时的概率。

5．设某种电子元件的寿命（以小时计）X 服从参数为 $a=0.1$ 的指数分布。（1）任取一个元件，求其寿命大于 10 小时的概率；（2）任取 3 个元件，求正好有一个元件寿命大于 10 小时的概率；（3）已知一个元件使用 10 小时后还未损坏，求能再使用 10 小时的概率。

§2.7　正态分布

1．设随机变量 $X \sim N(0,\ 1)$，求：（1）$P(0.02 < X < 2.33)$；（2）$P(-1.85 < X < 0.04)$；（3）$P(-2.80 < X < -1.21)$。

2．设随机变量 $X \sim N(3,4)$，（1）求 $P(2 < X \leqslant 5)$，$P(-4 < X \leqslant 10)$，$P(|X| > 2)$，$P(X > 3)$；（2）确定 c，使得 $P(X > c) = P(X < c)$。

3．某产品的质量指标 X 服从正态分布，$\mu = 160$，若要求 $P(120 < X < 200) \geq 0.80$，试问 σ 最多取多大？

4．设 $X \sim N(135, 100)$，则最大的是（　　）。
（A）$P(125 < X < 135)$　　　　　　（B）$P(130 < X < 140)$
（C）$P(135 < X < 145)$　　　　　　（D）$P(140 < X < 150)$

5．设 $X \sim N(2, \sigma^2)$，已知 $P(2 < X < 4) = 0.3$，则 $P(X < 0) =$_____。

6. 某设备供电电压 $V \sim N(220, 25)$（单位：伏），当 $210 \leqslant V \leqslant 230$ 时，生产的产品次品率为 2%，否则次品率为 10%，求：

（1）该设备生产产品的次品率；

（2）检查一个产品发现为次品，求电压正常的概率；

（3）从该设备生产的一大批产品中，随机地取 5 个，至少一个合格的概率。

§2.8　随机变量函数的分布

1. 设随机变量 X 的分布律为

X	0	1	2
P_i	0.3	0.4	0.3

，$Y = 2X-1$，求随机变量 Y 的分布律。

2. 设随机变量 X 的密度函数为 $f(x) = \begin{cases} 2(1-x), & 0 < x < 1 \\ 0, & \text{其他} \end{cases}$，求随机变量 Y 的密度函数：（1）$Y = 3X$；（2）$Y = 3-X$；（3）$Y = X^2$。

3．设随机变量 $X \sim N(\mu, \sigma^2)$，求随机变量 $Y = \dfrac{X - \mu}{\sigma}$ 的密度函数。

第3章　多维随机变量

§3.1　二维离散型随机变量

1. 盒中有 6 个红球，4 个白球，从中随机地取两次，每次取一个，设：

$$X = \begin{cases} 1, & \text{若第1次取的红球} \\ 0, & \text{若第1次取的白球} \end{cases}, \quad Y = \begin{cases} 1, & \text{若第2次取的红球} \\ 0, & \text{若第2次取的白球} \end{cases},$$

试按下列两种情形写出(X, Y)的联合分布律，并分别求出边缘分布律：（1）有放回地取；（2）不放回地取。

2. 设二维离散型随机变量(X, Y)的联合分布律为

X \ Y	0	1	2
0	0.1	0.2	a
1	0.1	b	0.2

试分别根据下列条件求 a 和 b 的值：（1）$P(X = 1) = 0.5$；（2）$P(X = 1 \mid Y = 2) = 0.5$；（3）设 $F(y)$ 是 Y 的分布函数，且 $F(1.5) = 0.5$。

3. 设(X, Y)的联合分布律如下，求X和Y至少有一个小于2的概率。

X＼Y	0	1	2
0	0.1	0.3	0.1
2	0.3	0	0.2

§3.2 二维连续型随机变量

1. 二维连续型随机变量(X, Y)的联合密度函数为
$$f(x,y)=\begin{cases} k(x+y), & 0<x<1, 0<y<1 \\ 0, & 其他 \end{cases}$$
（1）求常数k；（2）求$P(X < 1/2, Y < 1/2)$；（3）求$P(X + Y < 1)$；（4）求$P(X < 1/2)$；
（5）设$F(x,y)$为(X, Y)的联合分布函数，求$F(0.5, 1)$的值。

2. 设(X, Y)的联合密度函数为

$$f(x,y) = \begin{cases} kxy, & 0 < x < 1, 0 < y < x \\ 0, & \text{其他} \end{cases}$$

求：（1）常数k；（2）$P(X+Y<1)$；（3）$P(X<1/2)$。

3. 设(X, Y)的联合密度函数为

$$f(x,y) = \begin{cases} \dfrac{1}{2}, & 0 < x < 2, 0 < y < 1 \\ 0, & \text{其他} \end{cases}$$

试求X和Y至少有一个小于$1/2$的概率。

§3.3　边缘密度函数

1. 设(X, Y)的联合密度函数为
$$f(x,y) = \begin{cases} x+y, & 0<x<1, 0<y<1 \\ 0, & \text{其他} \end{cases}$$
试求X和Y的边缘密度函数。

2. 设(X, Y)的联合密度函数为
$$f(x,y) = \begin{cases} \dfrac{2e^{-y+1}}{x^3}, & x>1, y>1 \\ 0, & \text{其他} \end{cases}$$
试求X和Y的边缘密度函数。

3. 设(X, Y)的联合密度函数为
$$f(x,y) = \begin{cases} e^{-x}, & 0<y<x \\ 0, & \text{其他} \end{cases}$$
试求X和Y的边缘密度函数。

4．设(X, Y)在区域$D: 0 < x < 1$，$0 < y < x^2$上服从均匀分布，试求：（1）(X, Y)的联合密度函数；（2）X和Y的边缘密度函数。

§3.4 随机变量的独立性

1．设(X, Y)的联合分布律如下

X \ Y	1	2	3
1	$\frac{1}{6}$	$\frac{1}{9}$	$\frac{1}{18}$
2	a	b	$\frac{1}{9}$

按下列三种情形分别求a和b的值：（1）$P(Y=1) = \frac{1}{3}$；（2）$P(X>1|Y=2) = 0.5$；（3）X与Y相互独立。

2．设 (X, Y) 的联合密度函数为

$$f(x,y) = \begin{cases} cxy^2, & 0 < x < 1, 0 < y < 1 \\ 0, & \text{其他} \end{cases}$$

求常数 c，并讨论 X 与 Y 是否相互独立？

3．设 (X, Y) 的联合密度函数为

$$f(x,y) = \begin{cases} cx, & 0 < x < y < 1 \\ 0, & \text{其他} \end{cases}$$

（1）确定常数 c；（2）求边缘密度函数 $f_x(x)$ 和 $f_y(y)$；（3）X 与 Y 是否独立？

4．设 $X \sim U(0, 1)$，$Y \sim U(0, 1)$，且 X 与 Y 相互独立，求关于 t 的二次方程 $Xt^2 + t + Y = 0$ 有实根的概率。

5．设 X 与 Y 相互独立，有相同的分布律，为

X ＼ Y	-1	1
P	$\frac{1}{2}$	$\frac{1}{2}$

则正确的是（　　）。

（A） $X = Y$　　　　　　　　（B） $P(X = Y) = 1$

（C） $P(X = Y) = \frac{1}{2}$　　（D） $P(X = Y) = \frac{1}{4}$

§3.5 多个随机变量的函数的分布

1．设二维随机变量 (X, Y) 有如下联合分布律为

X ＼ Y	-1	1	2
0	0.1	0.2	0.1
2	0	0.4	0.2

$Z = XY$，求随机变量 Z 的分布律。

2. 二维随机变量(X, Y)在区域$x > 0$, $y > 0$, $x + y < 1$上均匀分布，设$Z = X + Y$，求Z的密度函数。

3. 设X和Y分别表示两个不同电子器件的寿命（小时），X与Y相互独立，具有同一密度函数$f(x, y) = \begin{cases} \dfrac{100}{x^2}, & x > 100 \\ 0, & x \leqslant 100 \end{cases}$，求$Z = X/Y$的密度函数。

§3.6 几种特殊随机变量的函数的分布

1. 设(X, Y)的联合分布律如下

X \ Y	0	1	2
0	0.1	0.2	0.1
2	0.1	0.3	0.2

设$U = \max(X, Y)$, $V = \min(X, Y)$。求：（1）U和V的分布律；（2）(U, V)的联合分布律。

2. 随机变量 X 与 Y 相互独立, 且 X 和 Y 都是 $N(0, 1)$ 分布。(1) 设 $Z = \max(X, Y)$, 求 $P(Z < 0)$; (2) 设 $Z = \min(X, Y)$, 求 $P(Z < 0)$。

3. 随机变量 X_1, X_2, X_3, X_4 相互独立, 都是 $(0, 1)$ 上的均匀分布。(1) 设 $Z = \max(X_1, X_2, X_3, X_4)$, 求 Z 的密度函数; (2) 设 $Z = \min(X_1, X_2, X_3, X_4)$, 求 Z 的密度函数。

第4章 随机变量的数字特征

§4.1 数学期望

1. 盒中有 5 个球，其中 2 个是红球，随机地取 3 个，用 X 表示取到的红球的个数，求 $E(X)$。

2. 设随机变量 X 有密度函数 $f(x) = \begin{cases} \dfrac{3}{8}x^2, & 0 \leqslant x \leqslant 2 \\ 0, & \text{其他} \end{cases}$。求：$E(X)$，$E(2X-1)$，$E(1/X^2)$，$X$ 大于数学期望 $E(X)$ 的概率。

3. 设 X 的密度函数 $f(x) = \begin{cases} a+bx, & 0<x<1 \\ 0, & \text{其他} \end{cases}$，已知 $E(X=0.6)$，求 a 和 b 的值。

4. 设随机变量 X 的分布律为

X	0	1	2
P_i	0.2	0.3	0.5

，求 $E(X+3)$；$E(2X^2-3)$。

5. 设 (X, Y) 的联合分布律为

X \ Y	0	1	2
0	0.1	0.2	a
1	0.1	b	0.2

已知 $E(X^2+Y^2)=2$，求 a, b 的值。

6. 设(X, Y)在区域$y+x<1$，$y-x<1$，$0<y<1$上服从均匀分布，求$E(X)$，$E(Y)$，$E(X+Y)$和$E(XY)$。

§4.2　数学期望的性质

1. 设X有分布律为

X	0	1	2	3
P_i	0.1	0.2	0.3	0.4

，求$E(X^2-2X+3)$。

2. 设X有密度函数$f(x)=\begin{cases}2x, & 0<x<1 \\ 0, & 其他\end{cases}$，求$E(X^2-2/X)$。

3. 设(X, Y)有联合密度函数 $f(x, y) = \begin{cases} 8xy, & 0 < x < 1, 0 < y < x \\ 0, & \text{其他} \end{cases}$，求 $E\left[(X-Y)^2\right]$。

§4.3 方差

1. 丢一颗均匀的骰子，用 X 表示点数，求 $E(X)$ 和 $D(X)$。

2. 设 X 有 $f(x) = \begin{cases} \dfrac{1}{4}(x+1), & 0 \leqslant x \leqslant 2 \\ 0, & \text{其他} \end{cases}$，求 $D(X)$。

3．设随机变量 $X \sim U(-1,2)$，求 $E(Y), D(Y)$，其中 $Y = \begin{cases} 1, & X > 0 \\ 0, & X = 0 \\ -1, & X < 0 \end{cases}$。

4．X 与 Y 相互独立，密度函数分别如下，

$$f(x) = \begin{cases} 1, & 0 \leqslant x \leqslant 1 \\ 0, & \text{其他} \end{cases}, \quad f(y) = \begin{cases} \dfrac{3}{2} y^2, & -1 \leqslant y \leqslant 1 \\ 0, & \text{其他} \end{cases}$$

求 $D(X - 2Y)$。

5．设 X 的分布函数分别为（1）和（2），为

$$(1) \ F(x) = \begin{cases} 0, & x < 0 \\ 0.1, & 0 \leqslant x < 1 \\ 0.6, & 1 \leqslant x < 2 \\ 1, & x \geqslant 2 \end{cases}; \quad (2) \ F(x) = \begin{cases} 0, & x < 0 \\ \dfrac{1}{2} x^2, & 0 \leqslant x < 1 \\ 2x - \dfrac{1}{2} x^2 - 1, & 1 \leqslant x < 2 \\ 1, & x \geqslant 2 \end{cases}$$

分别求 $E(X)$ 和 $D(X)$。

§4.4 常见随机变量的期望与方差

1. 设随机变量 $X \sim \pi(2)$ ，$Y \sim B(3, 0.6)$ 相互独立，求 $E(X - 2Y), D(X - 2Y)$。

2. 设随机变量 $X \sim \pi(\lambda)$ ，$Y \sim B(3, 0.6)$，且 $P(X = 0) = P(Y = 1)$，则 $\mathrm{e}^{-E(X)} =$ _____ 。

3. 设 $X \sim U(a, b)$，$Y \sim N(4, 3)$，X 与 Y 有相同的期望和方差，求 a, b 的值。

4. 设随机变量 $X \sim \pi(\lambda)$，已知 $E[(X - 1)(X - 2)] = 1$，求 λ 的值。

5. 设随机变量 X 服从参数为 α 的指数分布，求 $E[X(X+1)]$。

6. 已知 $X \sim N(0, 1)$，$Y \sim N(1, 2)$，X 与 Y 相互独立，设 $Z = 2X - Y$，求 Z 的密度函数。

7. 某设备由一个主件和两个相同的附件组成，已知一个主件的质量（千克）X 和一个附件的质量 Y 分别是：$X \sim N(70, 3)$，$Y \sim N(14, 0.5)$，且每个部件的质量相互独立。试求：（1）该设备质量的数学期望和方差；（2）该设备的质量不超过 100 千克的概率。

8．有一批钢管，每根的长度（米）$X \sim N(30, 4)$，问需要多少根钢管相连接，能保证总长度不小于 3000 米的概率达到 99%？

§4.5　协方差与相关系数

1．随机变量(X, Y)的联合分布律如下，试求协方差 $\text{Cov}(X, Y)$和相关系数 P_{xy}。

X ＼ Y	-1	0	1
0	0.2	0.1	0
1	0.1	0.3	0.3

2．设随机变量(X, Y)的联合密度函数如下，试求协方差 $\text{Cov}(X, Y)$和相关系数 P_{xy}。

$$f(x, y) = \begin{cases} x+y & 0 < x < 1, 0 < y < 1 \\ 0 & \text{其他} \end{cases}$$

3. 设 $X \sim B(4, 0, 8)$, $Y \sim \pi(4)$, $D(X + Y) = 3.6$, 则 $P_{xy} =$_____。

§4.6　独立性和相关性

1. 下列结论不正确的是（   ）。

（A）X 与 Y 相互独立，则 X 与 Y 不相关

（B）X 与 Y 相关，则 X 与 Y 不相互独立

（C）$E(XY) = E(X)E(Y)$，则 X 与 Y 相互独立

（D）$f(x, y) = f_x(x)f_y(y)$，则 X 与 Y 不相关

2. 若 $\text{Cov}(X, Y) = 0$，则不正确的是（   ）。

（A）$E(XY) = E(X)E(Y)$　　　　（B）$E(X + Y) = E(X) + E(Y)$

（C）$D(XY) = D(X)D(Y)$　　　　（D）$D(X + Y) = D(X) + D(Y)$

3. $E(XY) = E(X)E(Y)$ 是 X 与 Y 不相关的（   ）。

（A）必要而非充分条件　　　（B）充分而非必要条件

（C）充分条件　　　　　　　（D）既不必要，也不充分

4. $D(X + Y) = D(X) + D(Y)$ 是 X 与 Y 不相关（   ）。

（A）必要而非充分条件　　　（B）充分而非必要条件

（C）充要条件　　　　　　　（D）既不必要，也不充分

5. 设随机变量 X 与 Y 相互独立，有相同的期望和方差，记 $U = X + Y$，$V = X - Y$，则随机变量 U 和 V 必然（   ）。

（A）不独立　　　　　　　（B）独立

（C）相关系数不为零　　　（D）相关系数为零

6. 设(X,Y)的联合分布律如下,试分析X与Y的相关性和独立性。

X \ Y	-1	0	1
-1	1/8	1/8	1/8
0	1/8	0	1/8
1	1/8	1/8	1/8

7. 设(X,Y)的联合密度函数为 $f(x,y)=\begin{cases} \dfrac{21}{4}yx^2, & x^2<y<1 \\ 0, & 其他 \end{cases}$,试验证X与Y不相关,但不独立。

8. 设 X 与 Y 相互独立，都服从 $N(\mu, \sigma^2)$，对常数 a, b，求 $aX + bY$ 的相关系数 ρ。

第 5 章 极 限 定 理

§5.1 大数定理

1. 利用切比雪夫不等式估算随机变量 X 与数学期望之差大于 3 倍均方差的概率。

2. 设随机变量 X 的数学期望与方差都是 20，试用切比雪夫不等式估算 $P(0 \leqslant X \leqslant 40)$ 的下界。

3. 设随机变量 $X_1, X_2, \cdots, X_n$ 相互独立，且全部服从 $N(\mu, 1)$，为使 $\bar{X} = \dfrac{1}{n}\sum_{i=1}^{n} X_1$ 与 μ 之差的绝对值不大于 0.5 的概率不小于 0.95，试求：（1）切比雪夫不等式；（2）正态分布 $X \sim N(\mu, 1/n)$。

§5.2　中心极限定理

1．设随机变量 $X_1, X_2, \cdots, X_{50}$ 相互独立，都服从 $\lambda = 0.15$ 的泊松分布，设 $\bar{X} = \dfrac{1}{n}\sum_{i=1}^{n} X_i$，利用中心极限定理求 $P(\bar{X} > 0.2)$ 的近似值。

2．一批元件寿命（以小时计）服从参数为 0.004 的指数分布，现有元件 30 个，一个正在使用，其余 29 个备用，正使用的一个元件损坏时，立即换上备用元件，利用中心极限定理求 30 个元件至少能使用 1 年（8760 小时）的近似概率。

3．某一随机试验，"成功"的概率为 0.04，独立重复 100 次，由泊松定理和中心极限定理分别求最多"成功" 6 次的概率的近似值。

4．设一均匀的骰子连丢 40 次，求点数之和在 130 到 150 之间的近似概率。

第6章 数理统计基础

§6.1 统计中的几个概念

1. 总体 $X \sim N(\mu, \sigma^2)$，有样本 $X_1, X_2, \cdots, X_n$，设 $Y = \frac{1}{2}(X_n - X_1)$，则 $Y \sim$ _____。

2. 设总体 $X \sim N(12, 4)$，有 $n = 5$ 的样本 $X_1, X_2, \cdots, X_5$。求：（1）样本均值与总体均值之差的绝对值大于 1 的概率；（2）$P\{\max(X_1, \cdots, X_5) > 15\}$；（3）$P\{\min(X_1, \cdots, X_5) \leqslant 10\}$。

3. 设 $X_1, X_2, \cdots, X_n$ 是总体 X 的样本，总体方差存在，$\bar{X}$ 是样本均值，求 X_1 与 $\bar{X}$ 的相关系数。

§6.2 数理统计中常用的三个分布

1. 查有关的附表，给出下列 a 分位点的值。

（1）$Z_{0.05}$，$Z_{0.05/2}$，$Z_{0.9}$；　（2）$\chi^2_{0.1}(5)$，$\chi^2_{0.9}(5)$，$\chi^2_{0.05/2}(5)$，$\chi^2_{1-0.05/2}(5)$；

（3）$t_{0.05}(10)$，$t_{0.05/2}(10)$；　（4）$F_{0.1}(5,10)$，$F_{0.9}(5,10)$，$F_{0.05/2}(5,10)$，$F_{1-0.05/2}(5,10)$。

2. 设 $X\sim t(n)$，$f(x)$ 和 $F(x)$ 是其密度函数和分布函数，$t_\alpha(n)$ 是 α 分位点（$\alpha<0.5$），则不正确的是（　　）。

（A）$P\{|X|<t_\alpha(n)\}=1-2\alpha$　　（B）$F\{t_\alpha(n)\}=1-\alpha$

（C）$\int_{-\infty}^{t_\alpha(n)} f(x)\,\mathrm{d}x=\alpha$　　（D）$\int_{t_\alpha(n)}^{+\infty} f(x)\,\mathrm{d}x=\alpha$

习题 6.2（B）

1. 设 $X_1,X_2,\cdots,X_9$ 是总体 $N(1,1)$ 的样本，设 $Y=\sum_{i=1}^{9}(X_i-1)^2$，则：（1）$Y\sim$_____；（2）若 $X\sim N(0,1)$，则 $3X/\sqrt{Y}\sim$_____。

2. 设 $X_1, X_2, \cdots, X_n$ 和 $X_1, X_2, \cdots, X_m$ 是来自同一总体 $N(0, \sigma^2)$ 的两个独立样本，记 $U = \dfrac{1}{n}\sum_{i=1}^{n} X_i^2$，$V = \dfrac{1}{m}\sum_{i=1}^{n} Y_i^2$，则 $\dfrac{U}{V} \sim$ _____，$\dfrac{V}{U} \sim$ _____。

§6.3　一个正态总体下三个统计量的分布

1. 在总体 $N(50, \sigma^2)$ 中随机抽取一个容量为 16 的样本，分别求样本均值 $\bar{X}$ 落在 47.99 到 52.01 之间的概率。（1）若已知 $\sigma^2 = 5.5^2$；（2）σ^2 未知，而样本方差 $s^2 = 36$。

2. 在总体 $N(\mu, \sigma^2)$ 中随机抽取一容量为 10 的样本，μ 和 σ^2 均未知，求 $P(S^2/\sigma^2 \leq 1.88)$，其中 S^2 为样本方差。

3．设总体 $X \sim N(\mu, \sigma^2)$，有样本 $X_1, X_2, \cdots, X_n$，利用定理 2，求 $E(S^2)$，$E(\bar{X} S^2)$，$D(S^2)$。

§6.4　两个正态总体下的三个统计量的分布

1．从总体 $X \sim N(\mu, \sigma^2)$ 中抽取 $n_1 = 9$，$n_2 = 12$ 的两个独立样本，试求两个样本的均值 $\bar{X}$ 和 $\bar{Y}$ 之差的绝对值小于 3/2 的概率，若：（1）已知 $\sigma^2 = 4$；（2）σ^2 未知，但两个样本方差分别为 $S_2^2 = 4.1$，$S_2^2 = 3.7$。

第7章 参数估计

§7.1 矩估计

1. 设总体 X 的密度函数 $f(x) = \begin{cases} 2(\theta - x)/\theta^2, & 0 < x < \theta \\ 0, & \text{其他} \end{cases}$，有样本 $X_1, X_2, \cdots, X_n$，求未知参数 θ 的矩估计量；若有 $n = 5$ 的样本：$0.3, 0.9, 0.5, 1.1, 0.2$，求 θ 的矩估计值。

2. 设总体 X 的密度函数 $f(x) = \begin{cases} \sqrt{\theta} x^{\sqrt{\theta} - 1}, & 0 \leqslant x \leqslant 1 \\ 0, & \text{其他} \end{cases}$，有样本 $X_1, X_2, \cdots, X_n$，求未知参数 θ 的矩估计量。

3．某随机试验独立重复进行 n 次，设 $X_i = \begin{cases} 1, & \text{第}i\text{次试验成功} \\ 0, & \text{第}i\text{次试验不成功} \end{cases}$，$i = 1, 2, \cdots, n$，结果有 k 次成功，求该随机试验成功的概率 P 的矩估计量。

4．设总体 X 服从区间 (a, b) 上的均匀分布，有样本 $X_1, X_2, \cdots, X_n$，求未知参数 a, b 的矩估计量。

5．设总体 X 的分布律为

X	0	1	2
P_i	r	$2r$	$1-3r$

，有样本 $X_1, X_2, \cdots, X_n$，求未知参数 r 的矩估计量。若有 $n=5$ 的样本：0, 1, 2, 1, 0，试估计 X 的分布律。

6. 每分钟通过某桥梁的汽车辆数 $X \sim \pi(\lambda)$，为估计 λ 的值，在实地随机统计了 20 次，每次 1 分钟，结果如下表。

次　数	2	3	4	5	6
辆　数	9	5	2	7	4

即有两次是 1 分钟通过 9 辆汽车等，试求 λ 的一阶矩估计量和二阶矩估计量。

§7.2　极大似然估计

1. 设总体 X 的密度函数为 $f(x) = \begin{cases} 2(\theta - x)/\theta^2, & 0 < x < \theta \\ 0, & 其他 \end{cases}$，有样本 $X_1, X_2, \cdots, X_n$, $x_1, x_2, \cdots, x_n$ 是相应的样本值，求未知参数 θ 的极大似然估计量。

2. 设总体 X 的密度函数为 $f(x) = \begin{cases} \sqrt{\theta + 1} x^{\sqrt{\theta}}, & 0 \leqslant x \leqslant 1 \\ 0, & 其他 \end{cases}$，有样本 $X_1, X_2, \cdots, X_n$, $x_1, x_2, \cdots, x_n$ 是相应的样本值，求未知参数 θ 的极大似然估计量。

3. 市场上销售的某种盒装商品，每盒 5 个，一盒中优等品的个数 X 服从二项分布 $B(5, p)$，随机抽查 20 盒，结果如下表所示，求 p 的矩估计值和极大似然估计量。

盒中优等品只数	0	1	2	3	4	5
盒　　数	1	4	3	8	2	2

4. 设某种元件使用寿命 X（单位时间）的密度函数是

$$f(x) = \begin{cases} e-(x-\theta), & x \geq \theta \\ 0, & x < \theta \end{cases}$$

$\theta > 0$，随机地取 n 个元件做寿命试验，寿命分别是 $x_1, x_2, \cdots, x_n$，求未知参数 θ 的极大似然估计量。

5. 设总体 X 的分布为

X	0	1	3
P_i	r	$2r(1-r)$	$(1-r)^2$

，有样本 0, 1, 3, 1, 0，求未知参数 r 的矩估计和极大似然估计。

§7.3 估计量的评价标准

1. 设总体 X 服从区间 $(a, 1)$ 上的均匀分布，有样本 $X_1, X_2, \cdots, X_n$，样本均值为 $\overline{X}$。证明：$\hat{a} = 2\overline{X} - 1$ 是 a 的无偏估计。

2. 设总体 X，$E(X) = a$，$D(X) = b^2$，有样本 X_1, X_2, X_3，参数 a 有三个估计量：（1）$\hat{a} = \frac{1}{3}(X_1 + X_2 + X_3)$；（2）$\hat{a} = \frac{1}{5}X_1 + \frac{3}{5}X_2 + \frac{1}{5}X_3$；（3）$\hat{a} = \frac{1}{2}X_1 + \frac{1}{3}X_2 + \frac{1}{4}X_3$。试说明哪几个是 a 的无偏估计量；在无偏估计量中，哪一个最有效？

3：设 θ_1 和 θ_2 都是参数 θ 的无偏估计，设 $\theta_3 = k_1\theta_1 + k_2\theta_2$，$k_1, k_2$ 为正常数，求：
（1）当 k_1, k_2 满足什么条件时，θ_3 是 θ 的无偏估计？
（2）若 θ_1 与 θ_2 互不相关，且具有相同的有效性，则 k_1, k_2 取什么值时，θ_3 的方差最小？

4. 设总体 X，$E(X) = a$，$D(X) = b^2$，有样本 $X_1, X_2, \cdots, X_n$，（1）试证明 $\dfrac{1}{n}\sum\limits_{i=1}^{n}(X_i - a)^2$ 是总体方差 b^2 的无偏估计；（2）k 取什么值时，$k\sum\limits_{i=1}^{n}(X_{i-1} - X_i)^2$ 是 b^2 的无偏估计？

§7.4　区间估计

1. 纤度是衡量纤维粗细程度的一个量，某厂生产的化纤纤度 $X \sim N(\mu, \sigma^2)$，抽取 9 根纤维，测量其纤度为 1.36, 1.49, 1.43, 1.41, 1.27, 1.40, 1.32, 1.42, 1.47。试求两种条件下 μ 的置信度为 0.95 的置信区间：（1）若已知 $\sigma^2 - 0.048^2$；（2）若 σ^2 未知。

2. 为分析某自动设备加工的零件的精度，抽查 16 个零件，测量其长度，得 $\bar{x} = 12.075$ 毫米，$s = 0.0494$ 毫米，设零件长度 $X \sim N(\mu, \sigma^2)$。（1）求 σ^2 的置信度为 0.95 的置信区间；（2）求 σ 的置信度为 0.95 的置信区间。

3．设总体 $X \sim N(\mu, \sigma^2)$，μ 未知，σ^2 已知，有容量为 n 的样本，为使 μ 的置信度为 $1-\alpha$ 的置信区间的长度不大于 L，则 n 至少应取多大？

§7.5 两个正态总体的区间估计

1．在一次数学统考中，随机抽取甲校 70 名学生的试卷，平均成绩 85 分，随机抽取乙校 50 名学生的试卷，平均成绩 81 分，设两校学生数学成绩分别为 $X \sim N(\mu_1, 8^2)$ 和 $Y \sim N(\mu_2, 6^2)$，试在 0.95 置信度下求 $\mu_1 - \mu_2$ 的置信区间。

2．在饲养了 4 个月的某一品种的鸡群中随机抽取 12 只公鸡和 10 只母鸡，平均体重分别为 $\bar{x} = 2.14$ 千克，$\bar{y} = 1.92$ 千克．标准差分别为 $s_1 = 0.11$ 千克，$s_2 = 0.18$ 千克，设公鸡和母鸡的体重分别是 $X \sim N(\mu_1, \sigma_2^2)$ 和 $Y \sim N(\mu_2, \sigma_2^2)$，试在 0.95 置信度下求 $\mu_1 - \mu_2$ 的置信区间。

§7.6　区间估计的特殊情形

1．纤度是衡量纤维粗细程度的一个量，某厂生产的化纤纤度 $X \sim N(\mu, 0.048^2)$，抽取 9 根纤维，测量其纤度为 1.36, 1.49, 1.43, 1.41, 1.27, 1.40, 1.32, 1.42, 1.47。试求 μ 的置信度为 0.95 的置信下限。

2．接种某种疫苗后，麻疹发病率明显下降。对接种该疫苗后的 8 个群体的调查发现，发病率（十万分之一）分别为 37.3, 35.8, 40.7, 31.9, 39.0, 36.1, 39.9, 38.0，设发病率服从正态分布，试求平均发病率 μ 的置信度为 0.95 的置信上限。

第8章 假设检验

§8.1 假设检验的基本概念

略。

§8.2 假设检验的说明

1. 下述命题正确的是（　　）。

（A）第一类错误的概率是 P（拒绝 H_a）

（B）第一类错误和第二类错误概率之和是 1

（C）当 n 增大时，两类错误的概率同时减小

（D）固定 n，增大显著性水平，则第二类错误的概率减小

2. 在假设检验中，原假设为 H_0，显著性水平这 α，则正确的是（　　）。

（A）$P\{接受 H_0 | H_0 真\} = \alpha$ 　　　　（B）$P\{拒绝 H_0 | H_0 真\} = \alpha$

（C）$P\{接受 H_0 | H_0 不真\} = 1 - \alpha$ 　　（D）$P\{拒绝 H_0 | H_0 不真\} = 1 - \alpha$

3. 总体 X 有分布律为

X	0	1	2
P_i	r^2	$r(1-r)$	$(1-r)^2$

，为检验 $H_0: \tau = 0.2$，随机抽取 $r = 3$ 的样本，规定如下：若样本值是 3 个 1，则拒绝 H_0。（1）求犯第一类错误的概率；（2）若 τ 的真值是 0.5，求犯第二类错误的概率。

§8.3 一个正态总体参数的假设检验

1．酒精生产过程中，精馏塔中部的温度（精中温度）最佳参数为 86.5℃，随机检测 8 次，精中温度分别为 86.4℃，87.0℃，87.3℃，86.1℃，85.9℃，86.8℃，87.5℃，87.4℃，问是否可以认为精中温度保持在最佳水平？设精中温度 $X \sim N(\mu, 0.6^2)$，取 $\alpha = 0.1$。

2．某种心脏病用药旨在适当提高病人的心率，对 16 名服药病人测定其心率增加值（次/分钟）分别为：8, 7, 10, 3, 15, 11, 9, 10, 11, 13, 6, 9, 8, 12, 0, 4，设心率增加量服从正态分布，问心率增加量的均值是否符合该药的期望值 $\mu = 10$（次/分钟）？（取 $\alpha = 0.1$）

3．试以 $\alpha = 0.05$ 检验对上题的假设 $H_0: \sigma^2 = 9$。

4．某物质有效含量 $X \sim N(0.75, 0.06^2)$，为鉴别该物质库存两年后有效含量是否下降，检测 30 个样品，得平均有效含量为 0.72，设库存两年后有效含量仍然是正态分布，且方差不变，试问库存两年后有效含量是否显著下降？（取 $\alpha = 0.05$）

5．成年男子肺活量为 $\mu = 3750$ 毫升的正态分布，选取 20 名成年男子参加某项体育锻炼一定时期后，测定他们的肺活量，得平均值为 $\bar{x} = 3808$ 毫升，设方差为 $\sigma^2 = 120^2$，试检验肺活量均值的提高是否显著？（取 $a = 0.02$）。

6．由模酸可的松经氧化脱氢制取腊酸强的松的过程中，罐温 X（℃）服从正态分布，采用优化控制后，随机检测 10 次，罐温的样本方差为 $S^2 = 0.3$，罐温的方差是否比原来的 $\sigma^2 = 0.5$ 有显著减小？（$a = 0.1$）

§8.4 两个正态总体参数的假设检验

1. 设 26.9, 25.1, 22.9, 27.0, 25.8 和 23.3, 22.4, 26.6, 23.1, 24.0, 22.1 是分别来自总体 $X \sim N(\mu_1, 2.5)$, $Y \sim N(\mu_1, 2.4)$ 的两个独立样本, 试检验假设 ($a = 0.05$) H_0: $\mu_1 = \mu_2$, H_1: $\mu_1 \neq \mu_2$。

2. 设甲乙两市人均自来水消费分别为 $X \sim N(\mu_1, 1)$ 和 $Y \sim N(\mu_2, 0.6)$, 现对甲市调查 25 人, 得人均月用水 $\bar{x} = 2.5\text{m}^3$, 对乙市调查 20 人, 得人均月用水 $\bar{y} = 2.1\text{m}^3$, 问甲市人均月用水是否显著高于乙市? ($a = 0.05$)

第二部分

提 高 篇

第1章 概率论的基本概念

1. 在某校学生中任选一名，令 A 表示男生，B 表示一年级，C 表示计算机专业。

（1）叙述事件 $AB\bar{C}$ 的意义；　　　（2）在什么条件下 $ABC = C$ 成立？

（3）在什么条件下 $C \subset B$ 是正确的？　（4）在什么条件下 $\bar{A} = B$ 成立？

2. 下列命题哪些正确，哪些不正确？

（1）$A - B \neq B - A$　　　　　　　　（2）$A = A\bar{B} \cup AB$

（3）$\overline{AB} = A \cup B$　　　　　　　　　（4）$\overline{A \cup BC} = \overline{ABC}$

（5）$(AB)(A\bar{B}) = \Phi$　　　　　　　　（6）若 $A \subset B$，则 $A = AB$

（7）若 $A \subset B$，则 $A \cup B = A$　　　　（8）若 $A \subset B$，则 $\bar{B} \subset \bar{A}$

（9）若 $AB = \Phi$，则 $\overline{AB} \neq \Phi$　　　（10）若 $AB = \Phi$，则 $\overline{AB} = \Phi$

3. 设 A 和 B 是任意两个事件，求 $P\{(\bar{A} \cup B)(A \cup B)(\bar{A} \cup \bar{B})(A \cup \bar{B})\}$。

4. 已知 $P(A) = p$，$P(B) = q$，$P(AB) = r$，用 p, q, r 表示下列事件：

（1）$P(\bar{A} \cup \bar{B})$；（2）$P(\bar{A}B)$；（3）$P(\bar{A} \cup B)$；（4）$P(\overline{A}\overline{B})$。

5. 已知 $P(A) = x$，$P(B) = 2x$，$P(C) = 3x$，且 $P(AB) = P(BC)$，求 x 的最大值。

6. 从 0, 1, 2, 3, 4, 5, 6, 7, 8, 9 十个数中随机地取 4 个，求能排成四位偶数的概率：（1）若 4 个数不重复；（2）若 4 个数可重复。

7. 一颗均匀的骰子，连丢 n 次，求最小点数为 2 的概率。

8. 把 n 个人随机地分配到 m 个房间中（$n < m$，一个房间中允许有多人），求下列事件的概率：

$A.$ 指定的 n 个房间中各有一人；$B.$ n 个房间中各有一人；$C.$ 指定的一个房间中恰有 k 人（$k < n$）。

9. 某人忘了电话号码的最后一位数字，他随机地拨号，求拨号不超过三次的概率。若已知最后一位数字是奇数，那么这个概率是多少？

10. 某种元件使用寿命超过一年的概率为 0.8，超过 2 年的概率为 0.4，一个元件已经使用一年，求能再使用一年的概率。

11. 从 1, 2, 3, 4, 5, 6, 7, 8, 9 九个数码中，随机地取三个数，求能排成三位偶数的概率。

12. 甲乙两人进行乒乓球比赛，甲先发球，发球成功的概率是 0.9，甲发球成功后乙回球失误的概率是 0.3，若乙回球成功后甲回球失误的概率是 0.4，甲回球成功后乙再回球失误的概率是 0.5，求这两个回合内甲得分的概率。

13. 丢两颗均匀的骰子，求和为 5 出现在和为 7 之前的概率。

14. 盒中有 4 个白球，6 个黑球，丢一颗均匀的骰子，若是 k 点，则在盒中随机地取 k 个球。（1）求取出的全是白球的概率；（2）若取出的全是白球，求是 3 个白球的概率。

15. 有 20 件产品，其中 5 件是次品，15 件是正品，已知已经有人随机地取走了两件，现

从剩下的 18 件中任取一件：（1）求这一件恰是正品的概率；（2）已知后一件取到的是正品，求先前取走的两件也是正品的概率。

16. 元件 10 个为一盒装，盒中无次品的概率为 0.4，而盒中有 1, 2, 3 个次品的概率分别 0.3, 0.2, 0.1。从某盒中随机地取 3 个，发现有 1 个次品，求该盒中次品至少有 2 个的概率。

17. 甲、乙、丙三人向同一目标各射击一次，命中率分别为 0.4，0.5 和 0.6，是否命中相互独立，若目标命中一次，被破坏的概率为 0.2，若目标命中两次，被破坏的概率为 0.5，若目标命中三次，被破坏的概率为 0.8。（1）求目标被破坏的概率；（2）若已知目标被破坏，求恰好命中一次的概率。

18. 要验收一批（10 件）产品。验收方案如下：自该批产品中随机取 3 件测试（设 3 件产品的测试是互为独立的），如果 3 件中至少有一件在测试中被认为不合格，则这批产品就被拒绝接收。设一件不合格的产品经测试查出其为合格的概率为 0.05，而一件合格的新产品经测试被误认为不合格的概率为 0.01。如果已知这 10 件产品中恰有 4 件是不合格的，试问这批产品被接收的概率是多少？

第2章　随机变量及其分布

1. 人在一年中患感冒的次数 X 服从 $\lambda = 5$ 的泊松分布，某预防药，对 75% 的人有效，能使 λ 从 5 下降到 3，对另 25% 的人无效。随机选一人服用该药：（1）求该人在一年中患感冒两次的概率；（2）若该人在一年中感冒了两次，求该药对他有效的概率。

2. 每个发动机出故障的概率是 p，发动机是否出故障相互独立。如果至少有一半发动机正常，那么飞机就能正常飞行。p 为多大时，4 个发动机比两个发动机更可取？

3. 房间内有 5 人，求：（1）恰有 2 人生日在 12 月的概率；（2）5 个人生日都在下半年的概率。

4. 对于 3 颗均匀的骰子，求：（1）至少有一颗点数为 1 的概率；（2）当已知至少有一颗点数为 1 时，恰有一颗点数为 1 的概率。

5. 某人对飞机独立射击 3 次，每次命中率为 0.4，已知若飞机被命中 1 次，则飞机被击落的概率为 0.2，若飞机被命中两次，则飞机被击落的概率为 0.5，若飞机被命中 3 次，则飞机被击落的概率为 0.8。求飞机被击落的概率。若已知飞机被击落，求飞机被命中一次的概率。

6. 设 X 的密度函数为 $f(x) = \begin{cases} 2x, & 0 < x < 1 \\ 0, & \text{其他} \end{cases}$，对随机变量 X 进行 3 次独立观察，求至少一次是 "$X > 0.5$" 的概率。

7. 随机变量 X 与 Y 有相同的密度函数 $f(x) = \begin{cases} \dfrac{3}{8}x^2, & 0 < x < 2 \\ 0, & \text{其他} \end{cases}$，设 $A = (X \geqslant a)$，$B = (Y \geqslant a)$，且 A, B 相互独立，$P(A \cup B) = \dfrac{3}{4}$，求 a 的值。

8. 设某种元件的寿命 X（以小时计）具有密度函数 $f(x) = \begin{cases} \dfrac{100}{x^2}, & x > 1000 \\ 0, & \text{其他} \end{cases}$。

（1）任取一个元件，求其寿命大于 1500 小时的概率；

（2）任取 3 个元件，求正好有一个元件寿命大于 1500 的概率。

（3）已知当一个元件使用到 1500 小时时，还未损坏，求能再使用 500 小时的概率。

9. 设随机变量 X 的分布律为

X	1	2	3
P_i	$\dfrac{1}{6}$	$\dfrac{1}{3}$	$\dfrac{1}{2}$

。随机变量 $Y \sim U(0, X)$，（1）试求 Y 小于 0.5 的概率；（2）若已知 Y 小于 0.5，求 X 等于 1 的概率。

10. 设随机变量 X 的密度函数如下 $f(x) = \begin{cases} k\mathrm{e}^{-\frac{1}{2}x^2}, & x \geqslant 0 \\ 0, & x < 0 \end{cases}$，则常数 $k =$ _____。

11．$f_1(x), f_2(x)$ 是两个随机变量的密度函数，为使 $f(x) = af_1(x) + bf_2(x)$ 是某一随机变量的密度函数，则实数 a, b 应满足（　　）。

(A) $a > 0, b > 0$，且 $a + b = 1$　　　　(B) $a > 0, b > 0$

(C) $a + b = 1$　　　　(D) a, b 是任意实数

12．设随机变量 $X \sim N(0, 1)$，求随机变量 $Y = X^2$ 的密度函数。

13．设随机变量 X 的密度函数为 $f(x) = \begin{cases} \dfrac{2}{\pi(x^2+1)} & x > 0 \\ 0, & x \leqslant 0 \end{cases}$，求 $Y = \ln X$ 的密度函数。

14．设随机变量 X 的分布函数为 $F(x)$，试证明随机变量 $Y = F(X)$ 服从 $(0, 1)$ 上的均匀分布。

15．设 $F_1(x), F_2(x)$ 为两个分布函数，其相应的概率密度 $f_1(x), f_2(x)$ 是连续函数，则必为概率密度的是（　　）。

(A) $f_1(x)f_2(x)$　　　　(B) $2f_2(x)F_1(x)$

(C) $f_1(x)F_2(x)$　　　　(D) $f_1(x)F_2(x) + f_2(x)F_1(x)$

16．设随机变量 X 的分布函数 $F(x) = \begin{cases} 0, & x < 0 \\ \dfrac{1}{2}, & 0 \leqslant x \leqslant 1 \\ 1 - e^{-x}, & x > 2 \end{cases}$，求 $P(X - 1)$。

第 3 章　维随机变量

1. 设盒子中有两个红球、两个白球、一个黑球，从中随机地取 3 个，用 X 表示取到的红球个数，用 Y 表示取到的白球个数，写出(X, Y)的联合分布律及边缘分布律。

2. 把一枚硬币连丢三次，用 X 表示三次中正面的次数，用 Y 表示三次中正面次数与反面次数差的绝对值，写出(X, Y)的联合分布律及边缘分布律。

3. 随机变量 X 服从参数为 $\alpha = 1$ 的指数分布，设随机变量如下：

$$Y = \begin{cases} 0, & X < 1 \\ 1, & X \geq 1 \end{cases}, \qquad Z = \begin{cases} 0, & X < 2 \\ 1, & X \geq 2 \end{cases}$$

写出(Y, Z)的联合分布律及边缘分布律。

4. (X, Y)的联合密度函数为

$$f(x, y) = \frac{k}{(1+x^2)(1+y^2)}, \quad -\infty < x < +\infty, -\infty < y < +\infty$$

（1）求常数 k；（2）求(X, Y)落在以$(0, 0), (0, 1), (1, 0), (1, 1)$为顶点的正方形区域内的概率。

5. 设(X, Y)的联合密度函数如下，试求 X 和 Y 的边缘密度函数。

$$f(x, y) = \frac{1}{2\pi(1+x^2)(1+y^2)}, -\infty < x < +\infty, -\infty < y < +\infty$$

6. 设(X, Y)的联合密度函数如下，试求 X 和 Y 的边缘密度函数。

$$f(x, y) = \begin{cases} x+y, & 0 < x < 1, 0 < y < 1 \\ 0, & \text{其他} \end{cases}$$

7. 设(X, Y)的联合密度函数如下，试求 X 和 Y 的边缘密度函数。

$$f(x, y) = \begin{cases} \dfrac{2e^{-y+1}}{x^3}, & x > 1, y > 1 \\ 0, & \text{其他} \end{cases}$$

8. 设(X, Y)的联合密度函数如下，试求 X 和 Y 的边缘密度函数。

$$f(x, y) = \begin{cases} e^{-x}, & 0 < y < x \\ 0, & \text{其他} \end{cases}$$

9. 随机变量 X 与 Y 相互独立，且 X 和 Y 都是$(0, 1)$上的均匀分布，设 $Z = X + Y$，求 Z 的密度函数。

10. 随机变量 X_1, X_2, X_3, X_4 相互独立，都是 0–1 分布，$P(X_i = 1) = p, P(X_i = 0) = q$，$p + q = 1$，$i = 1, 2, 3, 4$。

（1）设 $Z_1 = \max(X_1, X_2, X_3, X_4)$，求 Z_1 的分布律。

（2）设 $Z_2 = \min(X_1, X_2, X_3, X_4)$，求 Z_2 的分布律。

（3）设 $Z_3 = X_1 + X_2 + X_3 + X_4$，求 Z_3 的分布律。

（4）设 $Z_4 = X_1 X_2 - X_3 X_4$，求 Z_4 的分布律。

（5）求 Z_1, Z_2 的联合分布律。

（6）证明 X_1, X_2 相互独立与 X_1, X_2 不相关等价。

11. 设随机变量 X 与 Y 相互独立，且分别服从参数为 1 和参数为 4 的指数分布，则 $P\{X < Y\}$ 等于（   ）。

（A） $\dfrac{1}{5}$ （B） $\dfrac{1}{3}$ （C） $\dfrac{2}{5}$ （D） $\dfrac{4}{5}$

12. 设随机变量 X 与 Y 的概率分布如下所示

X	0	1
P_i	$\dfrac{1}{3}$	$\dfrac{2}{3}$

Y	−1	0	1
P_i	$\dfrac{1}{3}$	$\dfrac{1}{3}$	$\dfrac{1}{3}$

$\dfrac{n*50-5000}{\sqrt{5n}} = 2$ 且 $P(X^2 = Y^2) = 1$，求：（1）二维随机变量 (X, Y) 的概率分布；（2）$Z = XY$ 的概率分布。

第4章 随机变量的数字特征

1. 设随机变量 X 的密度函数为 $f(x)=\dfrac{1}{\sqrt{6\pi}}\mathrm{e}^{-(x+1)^2/6}, -\infty<x<\infty$，则 $E(X)=$ _____，$D(X)=$ _____。

2. 某商品销售量（单位）$X\sim U(10,30)$，进货量 n 是 10～30 之间的某个数，每销售一单位，获利 500 元，若供大于求，每积压一件，损失 100 元，若供不应求，可按需调剂，每件能获利 300 元。为使获利的期望值不小于 9280 元，进货量 n 至少应多大？

3. 设 X,Y 是随机变量，为使 $E[Y-(aX+bY)]^2$ 达到最小值，求常数 a 和 b 的值。

4. 设随机变量 X 的密度函数 $f(x)=\begin{cases}f_1(x), & x>0 \\ f_2(x), & x\leqslant 0\end{cases}$，则正确的是（　　）。

（A）$EX=\begin{cases}\int_0^{+\infty}xf_1(x)\mathrm{d}x \\ \int_{-\infty}^0 xf_2(x)\mathrm{d}x\end{cases}$　　　　（B）$F(x)=\begin{cases}\int_{-\infty}^x f_1(x)\mathrm{d}x, & x>0 \\ \int_{-\infty}^x f_2(x)\mathrm{d}x, & x\leqslant 0\end{cases}$

（C）$P(X\leqslant 3)=\int_{-\infty}^3 f_1(x)\mathrm{d}x$　　　　（D）$P(|X|<2)=\int_{-2}^0 f_2(x)\mathrm{d}x+\int_0^2 f_1(x)\mathrm{d}x$

5. 设 X 有 $f(x)=\begin{cases}ax, & 0<x<2 \\ bx+c, & 2\leqslant x\leqslant 4 \\ 0, & \text{其他}\end{cases}$，已知 $EX=2, P(1<X<3)=3/4$。（1）求 a,b,c 的值；

（2）求 $E(\mathrm{e}^x)$。

6. 一辆客车，送 20 人到 10 个车站，每人在各站是否下车是等可能的，且相互独立，该车是有下则停，求停车次数 X 的数学期望。

7. 设 X 与 Y 同分布，有密度函数 $f(x)=\begin{cases}2x\theta^2, & 0<x<1/\theta \\ 0, & \text{其他}\end{cases}$；已知 $E[c(X+2Y)]=1/\theta$，求 c 的值。

8. 地铁到站的时间为整点过后第 5 分、第 25 分、第 55 分钟，一乘客在 8～9 点之间随机地到达车站，求候车时间的数学期望。

9. 设某人月收入服从指数分布，月平均收入 800 元，规定月收入超过 800 元，需交个人所得税，设一年内各月收入互相独立，用 X 表示一年中需交税的月数，（1）求 X 的分布律；（2）求一年平均有几个月需交税。

10. 盒中有 N 个球，其中白球个数 X 是随机变量，$EX=n$，则从盒中随机地取一个球是白球的概率为 _____。

11. 随机变量 X,Y,Z 有 $DX=DY=DZ=1, \rho_{XY}=0, \rho_{YZ}=-1/2, \rho_{XZ}=1/2$，$D(X+Y+Z)=$ ____。

12. 设 $X_1,X_2,\cdots,X_{m+n}(n>m)$ 相互独立，同分布，方差都是 b^2，设 $S=X_1+X_2+\cdots+X_n$，$T=X_{m+1}+X_{m+2}+\cdots+X_{m+n}$，则 $\rho_{ST}=$ _____。

13. $D(X^2) = b^2 > 0, Y = aX + c, a \neq 0$，求相关系数 ρ_{XY}。

14. 已知 $EX = 1, DX = 1, EY = 2, DY = 4, \rho_{XY} = 1/2$，设 $Z = X/2 + Y/3$，求 $EZ, DZ, \text{Cov}(X,Y)$。

15. 已知 (X, Y) 有联合密度函数如下，试分析 X^2 与 Y^2 的相关性和独立性。

$$f(x,y) = \begin{cases} \dfrac{1}{4}(1+xy), & -1 < x < 1, -1 < y < 1 \\ 0, & \text{其他} \end{cases}$$

16. 已知 $P(A) > 0, P(B) > 0$，设 $X = \begin{cases} 1 & A\text{发生} \\ 0 & A\text{不发生} \end{cases}$，$Y = \begin{cases} 1 & B\text{发生} \\ 0 & B\text{不发生} \end{cases}$，试证明 X 与 Y 不相关和 X 与 Y 独立等价。

17. 将长度为 1 米的木棒随机地截成两段，则两段长度的相关系数为（　　　）。

（A）1　　　　（B）$\dfrac{1}{2}$　　　　（C）$\dfrac{1}{2}$　　　　（D）−1

18. 设随机变量 X 与 Y 相互独立，且 EX 与 EY 存在，记 $U = \max\{X, Y\}, V = \min\{X, Y\}$，则 EUV 等于（　　　）。

（A）$EU \cdot EV$　　　（B）$EX \cdot EY$　　　（C）$EU \cdot EY$　　　（D）$EX \cdot EV$

第5章　极限定理

1．在区间 $(-1,1)$ 上随机地取 180 个数，用中心极限定理求它们的平方和大于 64 的近似概率。

2．一个复杂的系统由 n 个独立的部件组成，每个部件的可靠性是 0.8，已知有 50 个部件可靠时，系统才可靠，用中心极限定理确定 n 至少多大时，系统的可靠性不小于 95%。

3．一条生产线生产的产品成箱包装，每箱的质量是随机的。假设每箱的平均质量为 50 千克，标准差为 5 千克。若用最大载重量为 5 吨的汽车承运，利用中心极限定理说明每辆车最多可以装多少箱，才能保障不超载的概率大于 0.977（$\phi(2) = 0.977$，其余 $\phi(x)$ 是标准正态分布函数）。

第6章　数理统计基础

1. 设 $X_1, X_2, \cdots, X_{10}$ 是总体 $X \sim N(\mu, 4)$ 的样本，求样本方差 S^2 大于 2.622 的概率。

2. 设总体 $X \sim N(6, \sigma_1^2), Y \sim N(5, \sigma_2^2)$，若 σ_1^2, σ_2^2 未知，但两者相同，有 $n_1 = n_2 = 10$ 的独立样本，样本方差为 $s_1^2 = 0.9130, s_2^2 = 0.9816$，求个样本均值之差 $\overline{X} - \overline{Y}$ 小于 1.3 的概率。

3. 从总体 $X \sim N(\mu, 3), Y \sim N(\mu, 5)$ 中分别抽取 $n_1 = 10, n_2 = 15$ 的独立样本，求个样本方差之比 S_1^2 / S_2^2 大于 1.272 的概率。

4. 设总体 $X \sim N(\mu, \sigma^2)$，有样本 $X_1, X_2, \cdots, X_n$，试求 $E(\overline{X}S^2), D(\overline{X}S^2)$。

5. 设 $X_1, X_2, \cdots, X_n$ 是总体 $N(\mu, \sigma^2)$ 的样本，（1）$\dfrac{1}{\sigma^2} \sum\limits_{i=1}^{10} (X_i - \mu) \sim$ _____；

（2）S^2 是上述样本的样本方差，若再增加一个样本点 X_{n+1}，则 $\dfrac{X_{n+1} - \mu}{S} \sim$ _____。

6. $X_1, X_2, \cdots, X_n$ 和 $Y_1, Y_2, \cdots, Y_m$ 是 $N(0, \sigma^2)$ 两个独立样本，$\sum\limits_{i=1}^{n} X_i^2 \Big/ \sum\limits_{i=1}^{m} Y_i^2 \sim$ _____。

7. $X_1, X_2, \cdots, X_9$ 和 $Y_1, Y_2, \cdots, Y_9$ 是 $N(0, 9)$ 两个独立样本，$\sum\limits_{i=1}^{9} X_i^2 \Big/ \left(\sum\limits_{i=1}^{9} Y_i^2 \right)^{1/2} \sim$ _____。

8. 设总体 $X, DX = b^2$，有样本 $X_1, X_2, \cdots, X_n$，$\overline{X}$ 是样本均值，求 $\mathrm{Cov}(X_1, \overline{X})$。

9. 设 $X \sim t(n)$，密度函数是 $f(x)$，分布函数分别是 $F(x)$，$t_\alpha(n)$ 是 α 分位点，则不正确的是（　　）。

（A）$\displaystyle\int_{-\infty}^{t_\alpha} f(x)\mathrm{d}x = \alpha$ 　　　　（B）$\displaystyle\int_0^{t_\alpha(n)} f(x)\mathrm{d}x = 0.5 - \alpha$

（C）$F[-t_\alpha(n)] = \alpha$ 　　　　（D）$F[t_\alpha(n)] = 0.5 - \alpha$

第7章 参数估计

1. 设总体 X 的密度函数 $f(x)=\begin{cases}\dfrac{1}{\theta}e^{-(x-\mu)/\theta} & x\geqslant\mu \\ 0, & x<\mu\end{cases}$ ，有样本 $X_1,X_2,\cdots,X_n$ ，求未知参数 θ 和 μ 的矩估计和极大似然估计。

2. 某线性系统，输入 $X\sim N(1,1)$ ，输出 $Y=aX+b$ ，其中 a,b 未知，有样本 $Y_1,Y_2,\cdots,Y_n$ ，求 a,b 的极大似然估计。

3. 设总体 $X\sim\pi(\lambda)$ ，有样本 $X_1,X_2,\cdots,X_n$ ，证明 $a\overline{X}+(1-a)S^2$ 是参数 λ 的无偏估计。

4. 设总体 X 的密度函数 $f(x)=\begin{cases}6(\theta-x)/\theta^2, & 0<x<\theta \\ 0, & \text{其他}\end{cases}$ ，有 $n=1$ 样本 X_1 ，求未知参数 θ 的矩估计和极大似然估计，并分析无偏性。

5. g_1,g_2 是参数 θ 的两个无偏估计，设 $g=ag_1+bg_2$ 。（1）a,b 满足什么条件时，g 也是 θ 的无偏估计？（2）a,b 取什么值时，g 的方差最小？

6. 在谷氨酸生产过程中，需对钝齿棒状杆菌 T_6-13进行多种诱变选育处理，采用铜激光照射处理后，谷氨酸产量有明显提高，现对照射处理前后各抽查 $n_1=7,n_2=8$ 次，得谷氨酸产量（g/ml）如下：

    处理后： 7.5，7.4，7.7，7.0，7.6，7.5，7.9，7.4

    处理前： 5.9，5.3，6.1，5.6，5.9，6.0，5.8

设在以上两种情况下，谷氨酸产量是均值为 μ_1 和 μ_2 的正态分布，求 $\mu_1-\mu_2$ 的置信度为 0.95 的置信上限。

7. 设总体 X 服从 $(0,\theta)$ 上的均匀分布，有 $n=48$ 的样本，样本总和为 150，求未知参数 θ 的置信度为 0.95 的近似置信区间。

8. 设总体 X 服从参数为 λ 的指数分布，有样本 $X_1,X_2,\cdots,X_n$ ，可以证明 $2\lambda n\overline{X}\sim\chi^2(2n)$ ，求 λ 的置信度为 $1-\alpha$ 的置信区间。

9. 设随机变量 X 与 Y 相互独立，且分别服从正态分布 $N(\mu,\sigma^2)$ 与 $N(\mu,2\sigma^2)$ ，其中 σ 是未知参数且 $\sigma>0$ ，设 $Z=X-Y$ 。

（1）求 Z 的概率密度 $f_z(z,\sigma^2)$ ；

（2）设 $Z_1,Z_2,\cdots,Z_x$ 为来自总体 Z 的简单随机样本，求 σ^2 的最大似然估计 $\hat{\sigma}^2$ ；

（3）证明 $\hat{\sigma}^2$ 是 σ^2 的无偏估计。

10. 设总体 X 的概率密度为 $f(x;\theta) = \begin{cases} \dfrac{1}{2\theta}, & 0 < x < \theta \\ \dfrac{1}{2(1-\theta)}, & \theta \leq x < 1 \\ 0, & \text{其他} \end{cases}$ ，$X_1, X_2, \cdots, X_n$ 是来自总体 x 的简

单随机样本，$\overline{X}$ 是样本均值。（1）求参数 θ 的矩估计量 $\hat{\theta}$ ；（2）判断 $4\overline{X}^2$ 是否为 θ^2 的无偏估计量，并说明理由。

第8章 假设检验

1. 成年男子肺活量为 $\mu = 3750$ 毫升的正态分布，选取 20 名成年男子参加某项体育锻练一定时期后，测定他们的肺活量，得平均值为 $\bar{x} = 3808$ 毫升，设方差为 $\sigma^2 = 120^2$，试检验肺活量均值的提高是否显著（取 $\alpha = 0.02$）。

2. 设甲、乙二市人均月自来水消费分别为 $X \sim N(\mu_1, 1)$ 和 $Y \sim N(\mu_2, 0.6)$，现对甲市调查 25 人，得人均月用水 $\bar{x} = 2.5\text{m}^3$，对乙市调查 20 人，人均月用水 $\bar{y} = 2.1\text{m}^3$，问甲市人均月用水是否显著高于乙市？（$\alpha = 0.05$）

3. 为分析某地区日用邮量，选取该地区 60 个工作日的收发邮件数，得日平均 2605 件，均方差为 415 件，试以 $\alpha = 0.02$ 检验对日收发邮件数的期望 EX 的假设：$H_0 : EX = 2500$，$H_1 : EX \neq 2500$。

4. 设总体 X 服从参数为 λ 的指数分布，有样本 $X_1, X_2, \cdots, X_n$，可以证明 $2\lambda n\bar{X} \sim \chi^2(2n)$，试以显著性水平 α 给出下列假设检验的接受域，其中 λ_0 是给定常数：$H_0 : \lambda = \lambda_0$，$H_1 : \lambda \neq \lambda_0$。

5. 设正态总体 $X \sim N(\mu, \sigma^2)$，做如下检验：$H_0 : \mu = 900$，$H_1 : \mu = 900$。有 $n = 25$ 的样本，若确定 H_0 的接受域为 $\bar{x} = 995$，（1）求第一类错误的概率；（2）若 μ 的实际值为 1070，求第二类错误的概率。

6. 对某假设 H_0 进行检验，已知 $\alpha = 0.01$ 时，接受 H_0，则取 $\alpha = 0.05$ 时也接受 H_0 的概率是多大？

第三部分

综合练习

第1篇 期中考试样卷

样卷一 《概率论与数理统计》课程期中考试试卷

备用数据：$\Phi(1)=0.8413, \Phi(1.96)=0.975, \Phi(2)=0.9772$。

一、填空题（除第 2 小题每空 2 分外，其余每空 3 分，共 38 分，请把答案填在对应的位置上）

1．设 A, B 为两个事件，则事件 A, B 中至少一个不发生可以表示为_____。

2．随机事件 A 和 B，已知有 $P(A)=0.5, P(B)=0.6$，若 $A \subset B$，则 $P(A \cup B)=$_____，$P(A\bar{B})=$_____。若 A 和 B 相互独立，则 $P(A \cup B)=$_____，$P(B|A)=$_____。

3．从 $1, 2, \cdots, 9$ 这 9 个数中随机地取 2 个，则取得一个偶数和一个奇数的概率为_____。

4．一颗均匀的骰子连续丢 5 次，则恰好有 1 次点数大于 4 的概率为_____。

5．"事件 A 与 B，当 $P(A-B)=0$ 时，必定有 $A=B$ 成立"，问此论断是否正确_____。（填正确或者错误）

6．设 $X \sim N(\mu, 10^2), P(X>85)=0.1587$，则 $P(X>65)=$_____。

7．某盒子中有 5 个球，其中只有 3 个红球，从盒子中先随机取一个，接着再随机取一个，若是放回地取球，则两次都为红球的概率是_____；若是不放回地取球，则两次都为红球的概率是_____。

8．已知加工某零件需要经过两道连续的独立工序，每道工序的次品率分别为 0.1 与 0.2，则加工一个零件最终成为正品的概率是_____。

9．设 X 的分布函数是 $F(x)=\begin{cases} 0, & x<1 \\ 0.3, & 1 \leqslant x<2 \\ 0.9, & 2 \leqslant x<3 \\ 1, & x \geqslant 3 \end{cases}$，则 $P(X \geqslant 1)=$_____，X 的分布律是_____。

二、计算题（共 62 分）

1．（6 分）设随机变量 X 的分布律见下表，试确定常数 c 的值。

X	0	1	-1
P_i	$9c^2-c$	$2-5c$	$1-3c$

2.（12 分）设随机变量 X 有密度函数 $f(x) = \begin{cases} cx, & -1 < x < 0 \\ \dfrac{1}{2}, & 0 \leq x < 1 \\ 0, & \text{其他} \end{cases}$，求：（1）常数 c 的值；

（2）$P(|X| \geq 1/2)$；（3）X 的分布函数 $F(x)$。

3.（6 分）设二维随机变量 (X, Y) 有联合分布律见下表。

Y＼X	0	1	2
0	0.2	0	0.3
1	0.1	a	b

并且已知 $P(X \leq 1, Y \leq 1) = 0$，求未知参数 a 和 b 的值。

4.（10分）设产品寿命 X（小时）服从参数 $\alpha = 0.001$ 的指数分布。

（1）从中任取一个产品，求寿命大于 1000 的概率；

（2）从中任取 5 个产品，求至少有一个寿命大于 1000 的概率；

（3）从中任取一个产品，使用到 1000 小时时还没有失效，求再使用 1000 小时的概率。

5.（8分）设某产品的质量指标 $X \sim N(10,4)$，其中当 $6 < X < 14$ 时是合格品，当 $8 < X < 12$ 时是一等品。（1）从中任取一个产品，求是一等品的概率；（2）如果从中任取一个产品发现是合格品，求它是一等品的概率。

6. （10 分）市场上销售的某种电器有 80%是合格品，20%不合格，已知合格品能正常使用的概率为 90%，不合格品能正常使用的概率为 50%。随机购买一台该电器：（1）求不能被正常使用的概率；（2）若这台电器不能正常使用，求是不合格品的概率。

7. （10 分）随机变量 X 有密度函数 $f(x) = \begin{cases} \dfrac{3}{2}x^2, & -1 < x < 1 \\ 0, & \text{其他} \end{cases}$ ，$Y = |X|$ ，求 Y 的密度函数。

样卷二 《概率论与数理统计》课程期中考试试卷

备用数据：$\Phi(1) = 0.84$, $\Phi(1.96) = 0.975$, $\Phi(2) = 0.98$。

一、填空题（每空 3 分，共 18 分，请把答案填在对应的位置上）

1. 设有随机事件 A, B，则 A, B 中恰好发生一个可表示为_____。

2. 设随机事件 A, B 互不相容，且 $P(A) = 0.3$, $P(\bar{B}) = 0.6$，则 $P(B\bar{A}) =$ _____，$P(B|\bar{A}) =$ _____。

3. 一袋中有 4 个红球，6 个白球，随机地取出 3 球，则其中至少有一个红球的概率是_____。

4. X 的分布函数是 $F(x) = \begin{cases} 0, & x < 0 \\ \dfrac{x}{2}, & 0 \le x < 2 \\ 1, & x \ge 2 \end{cases}$，则 $P(|X| \ge 1) =$ _____。

5. 某信息服务台在一分钟内接到的问讯次数服从参数为 λ 的泊松分布，已知一分钟内无问讯的概率为 e^{-6}，则在一分钟内至少有两次问讯的概率为_____。

二、选择题（每题 3 分，共 18 分，每小题给出的 4 个选项中，只有一项符合题目要求，请把所选项前面的字母填在对应的位置上）

1. 设 A, B 是事件，且 $A \subset B$，则下式正确的是_____。

   （A）$P(AB) = P(B)$ 　　　　　　　　（B）$P(B|A) = P(B)$

   （C）$P(B \cup A) = P(A)$ 　　　　　　（D）$\cdot P(\bar{B}) \le P(\bar{A})$

2. 当事件 C 发生时，事件 A 和 B 至少一个发生，则正确的是_____。

   （A）$A \cup B \subset C$ 　　　　　　　　（B）$(A \cup B)C = C$

   （C）$AB \subset C$ 　　　　　　　　　　（D）$AB \supset C$

3. 离散型随机变量 X 的概率分布律为 $P(X = k) = c\, r^k$，$k = 1, 2, \cdots$，则必须满足的条件是_____。

   （A）$r = (1+c)^{-1}$ 且 $c > 0$ 　　　　（B）$c = 1 - r$ 且 $0 < r < 1$

   （C）$c = r^{-1} - 1$ 且 $r < 1$ 　　　　　（D）$c > 0$ 且 $0 < r < 1$

4. 掷一枚质地均匀的骰子，设 A 为"出现偶数点"，B 为"出现点数为 2"，则 $P(B|A) =$ ____。

   （A）$\dfrac{1}{5}$ 　　　（B）$\dfrac{1}{4}$ 　　　（C）$\dfrac{1}{3}$ 　　　（D）$\dfrac{1}{2}$

5. 设 X 有分布律

X	0	1
P_i	0.3	0.7

，则 X 的分布函数为

（A）$F(x) = \begin{cases} 0.3, & x < 0 \\ 0.7, & 0 \le x < 1 \\ 1, & x \ge 1 \end{cases}$ 　　　　（B）$F(x) = \begin{cases} 0.3, & x < 0 \\ 1, & x \ge 1 \end{cases}$

(C) $F(x) = \begin{cases} 0, & x < 0 \\ 0.7, & 0 \leqslant x < 1 \\ 1, & x \geqslant 1 \end{cases}$　　　　(D) $F(x) = \begin{cases} 0, & x < 0 \\ 0.3, & 0 \leqslant x < 1 \\ 1, & x \geqslant 1 \end{cases}$

6. 设随机变量 X 服从正态分布 $N(\mu, \sigma^2)$，则随 σ 的增大，概率 $P\{|X-\mu| < \sigma\}$ 满足。

   （A）单调增大　　　　　　　　　（B）单调减小

   （C）保持不变　　　　　　　　　（D）非单调变化

三、计算题

1.（12分）设随机变量 X 的概率密度函数为 $f(x) = \begin{cases} kx, & 0 \leqslant x \leqslant 1 \\ 2-x, & 1 < x \leqslant 2 \\ 0, & 其他 \end{cases}$，求：（1）$k$ 的值；

（2）概率 $P\{X < 0.5\}$ 与 $P\{X > 1\}$；（3）X 的分布函数 $F(x)$。

2.（8分）已知 (X, Y) 的联合分布律见下表。

X \ Y	0	1
0	$\frac{1}{12}$	0
1	0.1	$\frac{1}{2}$

问当 a, b 为何值时，X, Y 独立？

3.（10分）一袋中有 10 个质地、形状相同且编号分别为 1，2，⋯，10 的球。现从此袋中任意取出三个球，求：（1）最小号码为 5 的概率；（2）最大号码为 5 的概率；（3）一个号码为 5，另外两个号码一个大于 5、一个小于 5 的概率。

4.（12分）设某产品的质量指标 $X \sim N(10,1)$，当 $8 < X < 12$ 时是合格品，其中当 $9 < X < 11$ 时是一等品。

（1）从中任取一个产品，求是一等品的概率；

（2）从中任取 5 个产品，求至少有一个是一等品的概率；

（3）从中任取一个产品，已知是合格品，求是一等品的概率。

5.（12分）一台机床有 1/3 的时间加工零件 A，其余的时间加工零件 B。加工零件 A 时，停机的概率是 0.3，加工零件 B 时，停机的概率是 0.4。（1）求这台机床在任意某一时刻停机的概率；（2）某个时刻发现停机了，求它是在加工零件 B 的概率。

6.（10分）随机变量 X 服从均匀分布 $X \sim U(-1,1)$，设 $Y = X^2$，求 Y 的密度函数。

样卷三　《概率论与数理统计》课程期中考试试卷

备用数据：$\Phi(1)=0.8413, \Phi(2)=0.9772, \Phi(1.65)=0.95, \Phi(1.96)=0.975$。

一、填空题（每空 3 分，共 21 分，请把答案填在对应的位置上）

1．设有随机事件 A, B，则 A, B 中至少一个不发生可表示为＿＿＿＿＿＿＿。

2．已知事件 A, B 满足 $P(A)=0.4$，$P(B)=0.5$，$P(\bar{B}|A)=0.3$，则 $P(AB)=$ ＿＿＿＿＿＿＿，$P(A\cup B)=$ ＿＿＿＿＿＿＿。

3．一袋中有 4 个红球，6 个白球，随机地取出 3 球，则其中至少一个白球的概率是＿＿＿＿＿＿＿。

4．设 X 的分布函数是 $F(x)=\begin{cases} 0, & x<0 \\ 0.7, & 0\leqslant x<2 \\ 1, & x\geqslant 2 \end{cases}$，则 X 的分布律是＿＿＿＿＿＿＿。

5．在 $[0,T]$ 内通过某交通路口的汽车数 X 服从泊松分布，且已知 $P\{X=4\}=3P\{X=3\}$，则在 $[0,T]$ 内至少有一辆汽车通过的概率为＿＿＿＿＿＿＿。

6．设随机变量 X 的分布函数为 $F(x)=\begin{cases} 0, & x<0 \\ A\sin x, & 0\leqslant x\leqslant \pi/2 \\ 1, & x>\pi/2 \end{cases}$，则 $A=$ ＿＿＿＿＿＿＿。

二、选择题（每题 3 分，共 15 分，每小题给出的 4 个选项中，只有一项符合题目要求，请把所选项前面的字母填在对应的位置上）

1．已知事件 A, B 相互独立，且 $P(A)>0, P(B)>0$，则下列等式成立的是（　　）。

　　（A）$P(A\cup B)=P(A)+P(B)$　　　　　　（B）$P(A\cup B)=1-P(\bar{A})P(\bar{B})$
　　（C）$P(A\cup B)=P(A)P(B)$　　　　　　　（D）$P(A\cup B)=1$

2．将两封信随机地投入编号为 1, 2, 3, 4 的四个邮筒中，则未向 1 号和 2 号两个邮筒投信的概率为（　　）。

　　（A）$\dfrac{2^2}{4^2}$　　　　（B）$\dfrac{C_2^1}{C_4^1}$　　　　（C）$\dfrac{2!}{A_4^2}$　　　　（D）$\dfrac{2!}{4!}$

3．掷一颗质地均匀的骰子两次，设 A 为"两次点数之和为 7"，B 为"有一次点数为 1"，则 $P(B|A)=$（　　）。

　　（A）$\dfrac{1}{6}$　　　　（B）$\dfrac{1}{4}$　　　　（C）$\dfrac{1}{3}$　　　　（D）$\dfrac{1}{2}$

4．设离散型随机变量 X 的概率分布律如下

X	0	1	2	3
P	0.1	0.3	0.4	0.2

$F(x)$ 为其分布函数，则 $F(2)=$（　　）。

　　（A）0.2　　　　（B）0.4　　　　（C）0.8　　　　（D）1

5．设随机变量 X 服从正态分布 $N(\mu,\sigma^2)$，则随 σ 的增大，概率 $P(X\geqslant \mu+\sigma)$ 满足（　　）。

　　（A）单调增大　　　　　　　　（B）单调减小
　　（C）保持不变　　　　　　　　（D）以上都不对

三、计算题

1．（12 分）设随机变量 X 的概率密度为 $f(x)=\begin{cases}1+x, & -1\leqslant x<0 \\ k-x, & 0\leqslant x\leqslant 1 \\ 0, & \text{其他}\end{cases}$ 。求：（1）k 的值；

（2）概率 $P(X>0.5)$；（3）X 的分布函数 $F(x)$。

2．（12 分）市场上销售的某种电器有 90%是合格品，10%不合格，已知合格品能正常使用的概率为 90%，不合格品能正常使用的概率为 20%。随机购买一台：（1）求能正常使用的概率；（2）若这台电器能正常使用，求是合格品的概率；（3）若在市场上任意购买该电器 4台，求不能正常使用的电器台数不超过一台的概率。

3．（10 分）设某产品的质量指标 $X \sim N(18, 4)$，当 $14 < X < 22$ 时是合格品，其中当 $14.7 < X < 21.3$ 时是一等品。（1）从中任取 1 个产品，求是合格品的概率；（2）若已知某个产品是合格品，求它是一等品的概率。

4．（10 分）设随机变量 (X, Y) 的联合分布律见下表。

X \ Y	0	1	2
0	0.2	0	0.3
1	0.1	b	a

已知 $P(X = 1 | Y = 2) = 0.5$：（1）求 a 和 b 的值；（2）判断 X 和 Y 是否独立（说明理由）。

5.（10分）随机变量 X 服从均匀分布 $X \sim U(-1, 1)$，设 $Y = |X| + 2$，求 Y 的密度函数。

6.（10分）盒中有 5 个球，其中 2 个红球，3 个白球，第一次从盒中随机取一个球，观察颜色后放回，并且再加入 3 个同色球；第二次再随机取一个球，以 $X = \begin{cases} 1, & \text{第一次取得红球} \\ 0, & \text{第一次取得白球} \end{cases}$，

$Y = \begin{cases} 1, & \text{第二次取得红球} \\ 0, & \text{第二次取得白球} \end{cases}$，求：（1）$(X,Y)$ 的联合分布律；（2）X, Y 的边缘分布律。

样卷四 《概率论与数理统计》课程期中考试试卷

备用数据：$\Phi(1)=0.8413, \Phi(1.645)=0.95, \Phi(1.96)=0.975, \Phi(2)=0.9772$。

一、填空题（每小格 3 分，共 36 分）

1. 某群体中随机选一人，选中者是近视的概率为 80%，喜欢球类运动的概率为 30%，若一人是否近视与是否喜欢球类运动独立，$A=\{$选中者近视$\}$，$B=\{$选中者喜欢球类运动$\}$，则 $P(A\cup B)=$ _____；$P(\bar{B}|A\cup B)=$ _____；事件 $\bar{A}B$ 表示的含义是_____

_____。

2. 小张独立投篮 5 次，设他的命中率为 0.4，则他至少命中 2 次的概率为_____，第 3 次投篮恰好为第 1 次命中的概率是_____。

3. 抛掷 2 颗质地均匀的骰子一次，则点数之和大于 5 且不超过 8 的概率是_____。

4. 设 X 的分布函数为 $F(x)=\begin{cases} a+be^{-x^2}, & x>0 \\ 0, & x\leqslant 0 \end{cases}$，则参数 $b=$ _____。

5. 每年袭击某地的台风次数 X 服从 $\lambda=2$ 的泊松分布，则该地一年至少受到 2 次台风袭击的概率为_____。若年初已受 1 次袭击，则全年至少受到 2 次台风袭击的概率为_____。

6. 设 X_1, X_2 相互独立，有相同的概率密度 $f(x)=\begin{cases} 2e^{-2x}, & x\geqslant 0, \\ 0, & x<0. \end{cases}$，则 $P\{\min(X_1, X_2)\geqslant 1\}=$

_____。

7. 设随机变量 X 和 Y 有相同的概率分布，且 $X\sim N(\mu,1)$，令 $A="X\geqslant 2"$，$B="Y\geqslant 2"$。若事件 A 和 B 互不相容且 $P(A\cup B)=0.3174$，则参数 $\mu=$ _____；若事件 A 和 B 相互独立且 $P(A\cup B)=0.75$，则参数 $\mu=$ _____。

二、（12 分）甲小组 10 人（其中女 2 人），乙小组 9 人（其中女 4 人），随机选一组，再从中不放回地随机选两次，每次一人，（1）求第一次选到的是一位女性的概率；（2）若已知第一次选到的是一位女性，求此人来自乙组的概率；（3）求第一次和第二次选到的都是女性的概率。

三、（12 分）随机变量 X 的密度函数 $f(x)=\begin{cases} kx^2, & 0<x\leq 1 \\ 1/4, & 1<x\leq 3 \\ 0, & \text{其他} \end{cases}$，求：（1）$k$ 值；（2）概率 $P(X^2<4)$；（3）分布函数 $F(x)$。

四、（12 分）设二维离散型随机变量 (X, Y) 的联合分布律见下表。

X \ Y	0	1	2
0	0.1	0.2	a
1	0.1	b	0.2

试分别根据下列条件分别求 a 和 b 的值：（1）$P(X = 1) = 0.5$；（2）$P(X = 1 \mid Y = 2) = 0.5$；（3）设 $F(y)$ 是 Y 分布函数，且 $F(1.5) = 0.5$。

五、（16分）设随机变量 (X,Y) 的联合密度为 $f(x,y)=\begin{cases}k, & 0<y<x^2, 0<x+y<2, x>0 \\ 0, & \text{其他}\end{cases}$。

求：（1）k 值；（2）$P(X\leq 1)$；（3）X 与 Y 的边缘概率密度 $f_X(x), f_Y(y)$。

六、（12分）设随机变量 X 服从 $(-\dfrac{\pi}{4},\dfrac{\pi}{4})$ 上的均匀分布，（1）若令 $Y=\begin{cases}1, & X\leq\dfrac{\pi}{8} \\ -1, & X>\dfrac{\pi}{8}\end{cases}$，求 Y

的分布律和分布函数；（2）若令 $Y=X^2$，求 Y 的概率密度函数 $f_Y(y)$。

第2篇　期末考试样卷

样卷一　《概率论与数理统计》课程期末考试试卷

备用数据：$\Phi(1)=0.8413,\Phi(1.645)=0.95,\Phi(1.96)=0.975,\Phi(2)=0.9772$ 。

$t_{0.05}(15)=1.753, t_{0.025}(15)=2.131, \chi^2_{0.975}(15)=6.262, \chi^2_{0.025}(15)=27.488$

一、填空题（每空 3 分，共 39 分）

1．某群体中随机选一人，选中者是近视的概率为 80%，喜欢球类运动的概率为 30%。若一人是否近视与是否喜欢球类运动独立，$A=\{$选中者近视$\}$，$B=\{$选中者喜欢球类运动$\}$，则 $P(A\cup B)=$ _____；$A\bar{B}=$ _____。

2．小张独立投篮 5 次，设他的命中率为 0.4，则他至少命中 2 次的概率为 _____，第 3 次投篮恰好第一次命中的概率为 _____。

3．每年袭击某地的台风次数 X 服从 $\lambda=2$ 的泊松分布，则该地一年至少受到 2 次台风袭击的概率为 _____。若已知年初受到 1 次台风袭击，则全年至少受到 2 次台风袭击的概率为 _____。

4．设 X_1,X_2 相互独立，有相同的概率密度 $f(x)=\begin{cases}\mathrm{e}^{-x}, & x\geq 0 \\ 0, & x<0\end{cases}$，则 $P\{\min(X_1,X_2)<1\}=$ _____；设 $Y=X_1+X_2$，则 Y 与 X_1 的相关系数为 _____。

5．设总体 $X\sim N(\mu,1)$，μ 未知，$X_1,\cdots,X_n$ 是 X 的简单随机样本。（1）若 $n=16$，样本均值 $\bar{x}=7.36$，则 μ 的置信度为 95% 的置信区间为 _____；（2）若要使得 μ 的置信度为 95% 的置信区间的长度不超过 0.5，则样本容量 n 不低于 _____。

6．设总体 $X\sim N(\mu,\sigma^2)$，μ,σ^2 均未知，$X_1,\cdots,X_{16}$ 是 X 的简单随机样本。$\bar{X}$ 与 S 分别是样本均值和样本均方差。若 $\dfrac{a(\bar{X}-\mu)}{S}\sim t(15)$，则 $a=$ _____；对于假设 $H_0:\mu=6$，$H_1:\mu\neq 6$，在显著水平为 0.05 下的拒绝域为 _____，若 $\bar{x}=4.77$，$s=2.40$，则应该 _____（拒绝/接受）原接受。

二、（11 分）把某海区分成编号为 1,2 的两块区域。设在此海域失踪的船只落入 1,2 号区域海底的概率分别为 0.4, 0.6。如果落入 1 号区域海底，那么在该区域搜索成功的概率为 0.8，如果落入 2 号区域海底，那么在该区域搜索成功的概率为 0.9。现有一船只在此海区失踪：（1）计算在 1 号区域搜索能找到此船只的概率；（2）若在 1 号区域没有搜索到此船只，求此船在 2 号区域的概率。

三、（14分）设 $X \sim B(2,0.3)$，$Y \sim B(1,0.4)$，X 与 Y 相互独立：（1）求 X 的分布函数 $F_X(x)$；（2）求 $X+Y$ 的分布律；（3）若对 X 独立重复观察 1050 次，Z 表示观察值的总和，利用中心极限定理，求 $P\{Z \leqslant 609\}$ 的近似值。

四、（12分）设随机变量 (X,Y) 的密度函数为 $f(x,y) = \begin{cases} 1, & x>0, y>0, x+2y<2 \\ 0, & \text{其他} \end{cases}$。（1）求 $P(X \leqslant 1, Y \leqslant 1)$；（2）分别求 X 与 Y 的边缘概率密度函数 $f_X(x), f_Y(y)$；（3）分析 X 与 Y 是否独立。

五、（12 分）总体 X 的密度函数为 $f(x,\theta)=\begin{cases} \dfrac{2x}{\theta^2}, & 0<x\leqslant\theta \\ 0, & \text{其他} \end{cases}$，$\theta>0$ 且未知。从总体 X 中

取得简单随机样本 $X_1,\cdots,X_n$，求：（1）θ 的矩估计量 $\hat{\theta}_1$；（2）θ 的极大似然估计量 $\hat{\theta}_2$。

六、（12 分）设 $X\sim N(0,\sigma^2),\sigma^2$ 未知，X_1,X_2,X_3 是 X 的简单随机样本。（1）求

$P(2X_1<X_2+X_3)$；（2）问 $T_1=\dfrac{(X_1-X_2)^2}{2}, T_2=(X_1+X_2+X_3)^2$ 中有没有 σ^2 的无偏估计？说明

理由。如果有，则求该估计量的方差。

样卷二　《概率论与数理统计》课程期末考试试卷

备用数据：$\Phi(1)=0.8413, \Phi(1.645)=0.95, \Phi(1.96)=0.975, \Phi(2)=0.9772$。 $t_{0.05}(8)=1.860, t_{0.025}(8)=2.306, \chi^2_{0.975}(8)=2.180, \chi^2_{0.025}(8)=17.535$。

一、填空题（每空 3 分，共 36 分）

1. 设随机事件 A 与 B 相互独立，已知 $P(A)=0.4$，$P(A\cup B)=0.7$，则 $P(B)=$ _____；$P(\overline{A}|A\cup B)=$ _____。

2. 设 X 的概率密度为 $f(x)=\begin{cases} cx, & 1<x<2 \\ 0, & \text{其他} \end{cases}$，则 $c=$ _____，$P(X>1.5)$ _____（小于，等于，大于）0.5。

3. 设随机变量 X 服从泊松分布，若 $D(X)=(E(X))^2$，则 $E(X)=$ ____，$P\{X>1\}=$ _____。

4. 设随机变量 X 的概率密度为 $f(x)=\begin{cases} \dfrac{1}{2}\mathrm{e}^{\frac{-x}{2}}, & x>0 \\ 0, & \text{其他} \end{cases}$，则 $P\{X>4|X>2\}=$ _____，$E(X+1)=$ _____。

5. 设总体 $X\sim N(\mu,1)$，$X_1,\cdots,X_9$ 是 X 的简单随机样本。$\overline{X}=\dfrac{1}{9}\sum_{i=1}^{9}X_i$，则 $P\{\overline{X}>\mu-1\}=$ _____，X_1+X_2 与 $2X_2-X_3$ 的相关系数为 _____，$\overline{X}$ 与 X_9 是否相互独立？答：_____，$\sum_{i=1}^{9}(X_i-\overline{X})^2$ 服从_____分布（写出参数）。

二、（11 分）有甲乙两盒，甲盒中有 3 个红球、3 个白球，乙盒中有 3 个红球、2 个白球。先随机选一盒，然后从选中的盒子中采用不放回抽样，随机取出两个球。（1）求第 1 个取到红球的概率；（2）在第 1 个取到红球的条件下，求第 2 个取到的也是红球的概率。

三、（12 分）设 X 的概率密度为 $f(x)=\begin{cases} \dfrac{x}{2}, & 0<x<2 \\ 0, & \text{其他} \end{cases}$，（1）求 X 的分布函数 $F(x)$；
（2）设 $Y=X^2$，求 Y 的概率密度 $f_Y(y)$；（3）若对 X 独立重复观察 72 次，Z 表示观察值的总和，利用中心极限定理，求 $P\{Z\leqslant 100\}$ 的近似值。

四、（14分）设随机变量 (X,Y) 的概率密度函数为 $f(x,y)=\begin{cases} 2, & x>0,y>0,x+y<1 \\ 0, & \text{其他} \end{cases}$，求：
（1）$P(X>0.5)$ 和 $P(\max(X,Y)\leqslant 0.5)$；（2）$X$ 的边缘概率密度函数 $f_X(x)$；（3）$\text{Cov}(X,Y)$。

五、（12 分）某种袋装食品的质量为 X （单位：克），设 $X \sim N(\mu, \sigma^2)$，μ, σ^2 未知，随机观察容量为 9 的样本，得样本均值 $\bar{x} = 126.6$，样本方差 $s^2 = 3.6^2$。（1）在显著性水平 $\alpha = 0.05$ 下，检验假设 $H_0 : \mu = 129, H_1 : \mu \neq 129$；（2）求 σ^2 的置信度为 95% 的置信区间（保留 3 位小数）。

六、（15 分）总体 X 服从二项分布，$P(X = k) = C_2^k \theta^k (1-\theta)^{2-k}, k = 0,1,2$，$0 < \theta < 1$ 且未知。从总体 X 中取得容量为 10 的简单随机样本 $X_1, \cdots, X_{10}$。（1）求 θ 的极大似然估计量 $\hat{\theta}$；（2）若观测值为 2, 2, 1, 0, 1, 0, 0, 0, 1, 0，求 θ 的极大似然估计值 $\hat{\theta}$；（3）设 $T_1 = \dfrac{X_1 + X_2}{4}$，$T_2 = \dfrac{X_1 + X_2 + X_3}{6}$，$T_3 = \dfrac{X_1 + X_2 + X_3}{9}$，$T_4 = \dfrac{X_1 + X_2}{6}$，判断 T_1, T_2, T_3, T_4 中哪些是 θ 的无偏估计，并在这些无偏估计中判断哪个最有效。

样卷三 《概率论与数理统计》课程期末考试试卷

备用数据：$\Phi(1)=0.8413, \Phi(2)=0.9772, \Phi(1.65)=0.95, \Phi(1.96)=0.975$。

$t_{0.025}(15)=2.1315, t_{0.05}(15)=1.7531$。

一、填空题（每空 3 分，共 10 空 30 分，请把答案填在对应的位置上）

1．设 A,B 分别表示甲、乙两人投篮命中，则 $A \cup B$ 表示的事件是_____。

2．已知事件 A,B 有 $P(A)=0.5$，$P(B)=0.6$，$P(\bar{B}|A)=0.3$，则 $P(A \cup B)=$_____。

3．将不同的两个封信随机地投入 3 个邮筒中，则第一个邮筒中只有一个封信的概率是_____。

4．设随机变量 X 的分布函数为 $F(x)=\begin{cases}0, & x<-1 \\ \dfrac{1}{6} & -1 \leqslant x<1 \\ \dfrac{1}{2}, & 1 \leqslant x<2 \\ A, & x \geqslant 2\end{cases}$，则常数 $A=$_____；X 的分布律为_____。

5．设总体 $X \sim U(0,5)$，$X_1, X_2, \cdots, X_{50}$ 为来自总体 X 的样本，则由中心极限定理近似地有 $\bar{X}=\dfrac{1}{50}\sum_{i=1}^{50}X_i \sim$_____。

6．设随机变量 $X \sim B(2,p)$，且 $P(X \geqslant 1)=\dfrac{5}{9}$，则 $E(X^2)=$_____。

7．设随机变量 ξ 服从正态分布 $N(2, \sigma^2)$，若 $P(\xi<3.5)=0.8$，则 $P(\xi<0.5)=$_____。

8．设二维随机变量 (X,Y) 的分布律如下表所示，则条件概率 $P(X=1|X=Y)=$_____。

X \ Y	0	1	2
0	0.1	0.2	0
1	0.3	0.1	0.1
2	0.1	0	0.1

9．设 $X \sim \pi(\lambda)$，$Y \sim \pi(\lambda)$，令 $A=\{X \geqslant 1\}, B=\{Y \geqslant 1\}$。若已知 A,B 独立，$P(A \cup B)=1-\mathrm{e}^{-4}$，则 $\lambda=$_____。

二、计算和应用题（6 题共 70 分）

1．（12 分）设随机变量 X 与 Y 相互独立，且 X, Y 的分布律分别为

X	0	1
P	$\dfrac{1}{4}$	$\dfrac{3}{4}$

Y	1	2
P	$\dfrac{2}{5}$	$\dfrac{3}{5}$

试求：（1）二维随机变量 (X, Y) 的分布律；（2）随机变量 $Z = X / Y$ 的分布律；（3）协方差 $\mathrm{Cov}(Y, XY)$。

2．（10 分）试卷中有一道选择题，共有 4 个答案可供选择，其中只有一个答案是正确的。任一考生如果会解这道题，则一定能选出正确答案；如果不会解这道题，则不妨任选一个答案。设考生会解这道题的概率是 0.8：（1）求考生选出正确答案的概率；（2）已知某考生所选答案是正确的，求他确实会解这道题的概率。

3.（12分）变量 X 的密度函数为 $f(x)=\begin{cases}x^2, & 0\leqslant x<1\\ k, & 1\leqslant x<2\\ 0, & \text{其他}\end{cases}$，求：（1）参数 k 的值；（2）概率

$P(|X|>\dfrac{1}{2})$；（3）X 的分布函数 $F(x)$。

4.（12分）设二维随机变量 (X,Y) 的概率密度函数为 $f(x,y)=\begin{cases}15x^2y, & 0<x<y<1\\ 0, & \text{其他}\end{cases}$，

（1）求边缘概率密度函数 $f_X(x),f_Y(y)$；（2）判断 X,Y 是否独立，说明理由。

5.（12 分）总体 X 有分布律

X	0	1	2
P_i	0.2+p	0.3+p	0.5

，有样本 $X_1, X_2, \cdots, X_n$。

（1）求期望 $E(X)$；

（2）求未知参数 p 的矩估计量，并判断该估计量是否是无偏估计量（说明理由）；

（3）若取得样本的值 $0, 1, 1, 0, 2$，求 p 的极大似然估计。

6.（12 分）车辆厂生产的螺杆直径服从 $N(\mu, \sigma^2)$，现从中抽取 16 个，测得直径（单位：毫米）的平均值 $\bar{x} = 21.8$。

（1）若已知 $\sigma = 1.6$，求 μ 的置信度为 0.95 的置信区间；

（2）若 σ 未知，但测得样本标准差 $s = 2$，试检验 $H_0: \mu = 21, H_1: \mu \neq 21$。（$\alpha = 0.05$）

样卷四 《概率论与数理统计》课程期末考试试卷

备用数据：$\Phi(1) = 0.8413, \Phi(2) = 0.9772, \Phi(1.65) = 0.95, \Phi(1.96) = 0.975$。

$t_{0.025}(15) = 2.1315, t_{0.05}(15) = 1.7531$。

一、填空题（每空 3 分，共 10 空 30 分，请把答案填在对应的位置上）

1．设随机事件 A, B, C 相互独立，$P(A) = 0.4, P(B) = 0.3, P(C) = 0.2$，则 $P(ABC) =$_____；
$P(A \cup B \cup C) =$_____。

2．在 $1, 2, 3, 4$ 这 4 个数中随机选两个数，则两个数之和大于 4 的概率为_____。
设随机变量 X 服从参数为 $\lambda(> 0)$ 的泊松分布，若 $E(X^2) = 3E(X^2) = 3E(X)$，则 $\lambda =$_____，
$P(X + Y < 1) =$_____；$\mathrm{Cov}(2X + Y, 2X-Y) =$_____。

3．设 X 与 Y 相互独立，都在 $(0, 2)$ 区间服从均匀分布，$F(x)$ 是 X 的分布函数，则 $F(1.5) =$
_____；$P(X \leqslant 1 | X \leqslant 2) =$_____。

4．设总体 $X \sim N(\mu, \sigma^2)$，$X_1, X_2, \cdots, X_5$ 是 X 的简单随机样本。(1)若 $\mu = 0$，则
$-\dfrac{3}{2} \dfrac{X_4^2 + X_5^2}{X_1^2 + X_2^2 + X_3^2}$ 服从_____分布（写出参数）；(2)若 μ, σ^2 未知，样本方差 $s^2 = 71.56$，
则 σ^2 的置信度为 90% 的置信区间是_____。

二、（14 分）设 X, Y 是两个随机变量，$P(X = i) = \dfrac{2-1}{6}, i = -1, 0, 1$，$P(Y = j) = \dfrac{1}{3}, j = 0, 1, 2$，
$P(XY > 0) = 0. P(XY = -1) = P(XY = -2) = \dfrac{1}{6}$。求：（1）$D(X)$；（2）$\mathrm{Cov}(X, Y)$；（3）$(X, Y)$ 的
联合分布律。

三、（14 分）一盒中有两个红球、两个白球，第 1 次从中抓出两个球，记录取到的红球数为 X_1，之后将两个球放回，搅匀后再从中抓出两个球，记录取到的红球数为 X_2，之后再将两个球放回，如此重复进行 n 次，第 n 次抓出的两球中红球数为 X_n，以 Y 表示 n 次中抓到的两个都是红球的次数。求：（1）X_1 的分布律和分布函数；（2）Y 的分布律；（3）$n=180$，利用中心极限定理，求 $P\{Y \leqslant 40\}$ 的近似值。

四、（12 分）设随机变量 $(X,\ Y)$ 的联合密度函数为 $f(x,y)=\begin{cases} 1, & x+2y<2, x>0, y>0 \\ 0, & \text{其他} \end{cases}$。
（1）求 $P(X \leqslant 1, Y \leqslant 1)$；（2）分别求 X 与 Y 的边缘概率密度函数 $f_X(x), f_Y(y)$；（3）分析 X 与 Y 是否独立。

五、（12 分）总体 X 的分布律见下表，$0<\theta<1/5$，θ 未知，从总体中抽取容量为 10 的样本观测值是 2, 1, 3, 1, 0, 0, 1, 1, 0, 3，求 θ 的矩估计值和极大似然估计值。

X	0	1	2	3
P	2θ	2θ	θ	$1-5\theta$

六、（12分）设总体 $X \sim U(0, \theta)$，$\theta > 0$ 未知，X_1, X_2 是 X 的简单随机样本，设 $T = aX_1^2 + bX_2^2$，其中 a,b 是实数。（1）求 T 是 θ^2 的无偏估计的充分必要条件；（2）问 a,b 取什么值时，T 是 θ^2 的最有效估计量？请给予证明。

七、（6分）某灌装机灌装 255 毫升/瓶的饮料，假设饮料的容量 X（毫升）服从 $N(\mu, \sigma^2)$，为判断该包装机工作是否正常，从已灌装的饮料中随机取 16 瓶，测得样本均值 $\bar{x} = 252.9$，样本标准差 $s = 3.5$。在显著水平 $a = 0.05$ 下，检验假设 $H_0 : \mu = 255$，$H_1 : \mu \neq 255$。

附录　习题参考答案

第 1 章参考答案　　　　第 2 章参考答案　　　　第 3 章参考答案

第 4 章参考答案　　　　第 5 章参考答案　　　　第 6 章参考答案

第 7 章参考答案　　　　第 8 章参考答案　　　　期中考试样卷一参考答案

期中考试样卷二参考答案　　期中考试样卷三参考答案　　期中考试样卷四参考答案

期末考试样卷一参考答案　　期末考试样卷二参考答案　　期末考试样卷三参考答案

参 考 文 献

[1] 单鉴华，张继昌，王聚丰. 概率论与数理统计学习指导（第二版）. 浙江大学出版社，2006

[2] 张继昌. 概率论与数理统计教程（修订版）. 浙江大学出版社，2003

[3] 盛骤，等. 概率论与数理统计》（第四版）. 高等教育出版社，2010

[4] 范大茵，陈永华. 概率论与数理统计. 浙江大学出版社，1999

反侵权盗版声明

　　电子工业出版社依法对本作品享有专有出版权。任何未经权利人书面许可，复制、销售或通过信息网络传播本作品的行为，歪曲、篡改、剽窃本作品的行为，均违反《中华人民共和国著作权法》，其行为人应承担相应的民事责任和行政责任，构成犯罪的，将被依法追究刑事责任。

　　为了维护市场秩序，保护权利人的合法权益，我社将依法查处和打击侵权盗版的单位和个人。欢迎社会各界人士积极举报侵权盗版行为，本社将奖励举报有功人员，并保证举报人的信息不被泄露。

举报电话：（010）88254396；（010）88258888

传　　真：（010）88254397

E-mail：　dbqq@phei.com.cn

通信地址：北京市海淀区万寿路 173 信箱
　　　　　电子工业出版社总编办公室

邮　　编：100036